Peter Balle

# Selektive katalysierte Reduktion von $NO_x$ mittels $NH_3$ an Fe-modifizierten BEA-Zeolithen

# Selektive katalysierte Reduktion von NO$_x$ mittels NH$_3$ an Fe-modifizierten BEA-Zeolithen

von
Peter Balle

Dissertation, Karlsruher Institut für Technologie
Fakultät für Chemieingenieurwesen und Verfahrenstechnik
Tag der mündlichen Prüfung: 27. Juli 2011

**Impressum**

Karlsruher Institut für Technologie (KIT)
KIT Scientific Publishing
Straße am Forum 2
D-76131 Karlsruhe
www.ksp.kit.edu

KIT – Universität des Landes Baden-Württemberg und nationales
Forschungszentrum in der Helmholtz-Gemeinschaft

KIT Scientific Publishing 2011
Print on Demand

ISBN 978-3-86644-706-6

# Selektive katalysierte Reduktion von $NO_x$ mittels $NH_3$ an Fe-modifizierten BEA-Zeolithen

zur Erlangung des akademischen Grades eines

**DOKTORS DER INGENIEURWISSENSCHAFTEN (Dr.-Ing.)**

von der Fakultät für Chemieingenieurwesen und Verfahrenstechnik des

Karlsruher Institut für Technologie (KIT)

genehmigte

DISSERTATION

von

Dipl.-Ing. Peter Balle

aus Lustenau (Österreich)

Referent: Prof. Dr.-Ing. Henning Bockhorn

Korreferent: Prof. Dr.-Ing. Georg Schaub

Tag der mündlichen Prüfung: 27.07.2011

„Die Tapferen sterben vielleicht etwas früher,
sie haben das Leben jedoch bewegt und erlebt.“


„Wie müßig sind doch wissenschaftliche Betrachtungen.“
Leo (Lew) Nikolajewitsch Graf Tolstoi, (1828 - 1910), russischer Romanautor


„Googlen ist keine Recherche“

# Danksagung

Diese Arbeit entstand im Zeitraum von Oktober 2004 bis Dezember 2008 am Institut für Technische Chemie und Polymerchemie des Karlsruher Instituts für Technologie (KIT).

Bedanken möchte ich mich bei Herrn Prof. Dr.-Ing. H. Bockhorn für die Übernahme des Referats und der Möglichkeit der Promotion. Ebenfalls danke ich Herrn Prof. Dr.-Ing. Georg Schaub für die freundliche Übernahme des Koreferats.

Mein ganz besonderer Dank gilt Herrn Prof. Dr. Sven Kureti für die interessante Aufgabenstellung, die ständige Hilfsbereitschaft, Diskussion, Motivation und die kritische Durchsicht des Manuskriptes und die zahlreichen Einladungen auch nach meinem Ausscheiden aus dem öffentlichen Dienst.

Mein Dank gilt ferner den vielen Kollegen, die mich während meiner Zeit am Institut begleiteten und zu einer kollegialen Atmosphäre beitrugen: Dr. Dirk Reichert, Dr. Florian Schott, Dr.-Ing. Jan Koop, Dr. Marco Hartmann, Bastian Geiger, Thorsten Kaltschmitt, Dr. Thomas Finke. Hans Weickenmeier, Sven Lichtenberg, Margarthe Cariboni.

Auszubildende: Jochen Schütz, Catherine Notar, Stefan Wohnrau, Kathrin Schäfer, Angela Beilmann; Diplomanden: Thomas Schöne, Christoph Seidler, Dirk Klukowski, Orkun Nalcaci sowie den Gästen: Dr. Souad Djerad (Algerien), Daniel Leon-Soranzo (Kolumbien), Najda Atanassova, Galya Ivanova (Bulgarien). Ein Gruß allen Teilnehmern der spätabendlichen Seminare.

Ein großes Dankeschön auch an die Mitarbeiter der Mechanischen Werkstatt, die stets alle Zeichnungen akzeptierten und in die Tat umsetzten.

# Inhaltsverzeichnis

# 1 Einleitung

In den letzten 25 Jahren hat der Energiebedarf weltweit drastisch zugenommen. Prognosen zufolge wird dieser Trend auch weiterhin anhalten, nicht zuletzt wegen des zu erwartenden Wirtschaftswachstums in den Entwicklungs- und Schwellenländern. Als wichtigste Energiequelle decken heute die fossilen Brennstoffe 90 % des Energiebedarfs [1]. Bei der Verbrennung von Öl, Kohle und Erdgas entstehen hauptsächlich Kohlendioxid ($CO_2$) und Wasser ($H_2O$), je nach Verbrennungsbedingungen kommt es jedoch immer auch zur Bildung spezifischer Mengen an unerwünschten Nebenprodukten. Diese sind zumeist als Schadstoffe zu klassifizieren; zu diesen zählen insbesondere die Stickstoffoxide ($NO$, $NO_2$ und $N_2O$), das Kohlenmonoxid ($CO$), unverbrannte bzw. teiloxidierte Kohlenwasserstoffe (HC, engl. hydrocarbons) und Ruß (PM, engl. particulate matter) (Abbildung 1-1).

Durch die in fossilen Brennstoffen vorhandenen organischen Schwefel-verbindungen entstehen darüber hinaus Schwefeloxide ($SO_x$) als Umweltgift [2]. Die Auswirkungen der genannten Schadstoffe auf Mensch und Umwelt sind ausgesprochen vielfältig. So sind beispielsweise Stickstoffoxide ($NO_x$) in der Stratosphäre am Abbau der Ozonschicht beteiligt, die vor der energiereichen UV-B-Strahlung ($280 - 320$ nm) schützt. Die Zunahme von krankhaften Hautveränderungen – insbesondere im australischen Raum – werden mit dem Rückgang der Ozonschicht in Verbindung gebracht [2]. Weiterhin besteht die Möglichkeit, dass Meeresalgen, die zu den wichtigsten Sauerstofflieferanten zu zählen sind, durch diese erhöhte UV-B-Strahlung geschädigt werden. Des Weiteren bewirken die aus der unvollständigen Verbrennung emittierten

Kohlenwasserstoffe in Verbindung mit Stickstoffoxiden und UV-B-Strahlung die Bildung von bodennahem Photosmog. Die Wirkung des Photosmogs beruht im Wesentlichen auf der Bildung von Schleimhaut reizendem Ozon in der Atemluft. Ebenso tragen $NO_x$ und $SO_x$ zur Entstehung von „saurem Regen" bei, dessen Einfluss auf das Waldsterben seit Jahren bekannt ist [3].

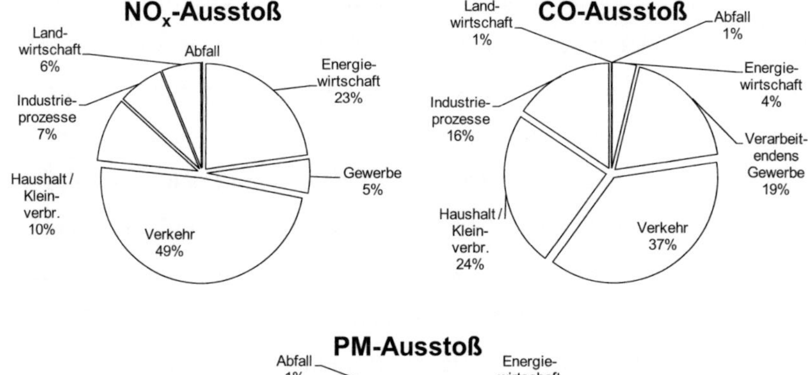


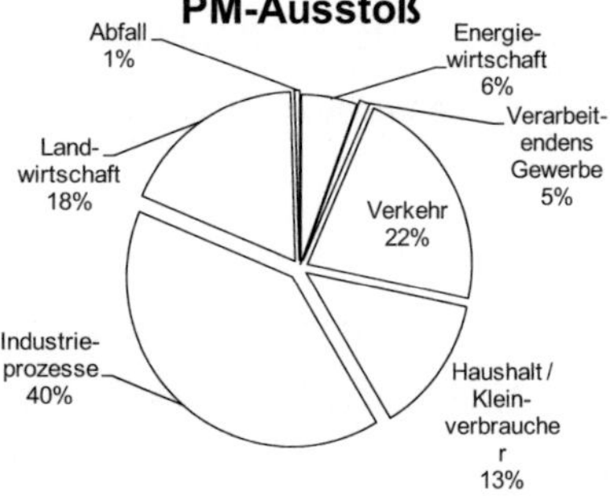


**Abbildung 1-1:** Verursacher verschiedener Schadstoffemissionen in Deutschland 2007 [4].

In Bezug auf den Ausstoß von CO ist zu erwähnen, dass dieses Schadgas auf Mensch und Tier eine unmittelbar toxische Wirkung besitzt. Dies ist auf die Verdrängung des reversibel gebundenen Sauerstoffs an Hämoglobin durch Kohlenmonoxid zurückzuführen. Dem gegenüber basiert der gesundheits-gefährdende Aspekt von Rußpartikeln und den an ihnen adsorbierten polyzyklischen aromatischen Kohlenwasserstoffen (engl. PAH, polycyclic aromatic hydrocarbons), auf ihrer vermutlich mutagenen bzw. karzinogenen Wirkungsweise [2].

Die negativen Auswirkungen dieser Schadstoffe auf Mensch und Umwelt stehen seit Jahren im öffentlichen sowie politischen Fokus. Vor diesem Hintergrund ist verständlich, dass besonders in den Industrienationen neben der Sicherung der Verfügbarkeit zukünftiger Energieträger die Frage der ökologischen Auswirkungen des Energiebedarfs eine wichtige Rolle spielt. Dieser Trend spiegelt sich auch in den Vorschriften zur Emissionsbegrenzung wider. In Deutschland z.B. regeln die 16. und die 17. Bundesimmissionsschutzverordnung (BImSchV) die aktuellen $NO_x$-Grenzwerte für Kraftwerke und Müllverbrennungsanlagen. Aber auch an die Automobilindustrie, mit dem Personenkraftwagen (Pkw) und den Nutzfahrzeugen (Nfz) als Hauptemittenten dieser Schadstoffe (Abbildung 1-1), richtet sich die Forderung nach einer Reduktion der Schadstoffemissionen.

Im Kraftfahrzeugsektor existieren seit längerer Zeit Richtlinien für den Ausstoß von CO- und Kohlenwasserstoff-Emissionen. Aktuell gelten für Diesel-Pkw die Euro-4 und für Nfz die Euro-5-Norm [5, 6]. Diese neueren Stufen beinhalten neben Grenzwerten für CO und HC auch Maßgaben für $NO_x$ und Ruß. Eine noch stärkere Reglementierung in Bezug auf den Ausstoß an Stickstoffoxiden (80 mg/km) wird beim Diesel-Pkw mit Einführung der Euro-6-Norm im Jahr 2014 erwartet [7] (Tabelle 1-1).

**Tabelle 1-1:** Geltende und kommende Grenzwerte für Pkw mit Dieselmotoren a [8]

| Bezeichnung | CO [g/km] | HC/$NO_x$ [g/km] | $NO_x$ [g/km] | PM [g/km] |
|---|---|---|---|---|
| Euro-4-Norm | 0.5 | 0.3 | 0.25 | 0.25 |
| Euro-5-Norm | 0.5 | 0.23 | 0.18 | 0.005 |
| Euro-6-Norm | 0.5 | 0.17 | 0.08 | 0.005 |

a.) Erfasste Emissionen aus dem „neuen Europäischen-Fahrzyklus (NEFZ) nach Verordnung 715/2007/EG

Der von der Weltgesundheitsorganisation (engl.: WHO) 2006 veröffentlichte Bericht zur Luftreinhaltung verdeutlicht den Trend hin zu niedrigeren Grenzwerten [9]. Diese Studie beschäftigt sich mit der Höhe der aktuellen und zukünftigen Schadstoffgrenzwerte, kommt allerdings zu dem Schluss, dass diese als unzureichend eingestuft werden können und fordert eine noch strengere Reglementierung.

Da schon seit den 1970er Jahren sowohl beim Otto- als auch beim Dieselmotor weltweit Oxidationskatalysatoren eingesetzt werden, ist die technische Realisierung der Reduktion der Emissionen von Kohlenwasserstoffen und CO unproblematisch. Anfang der 1980er Jahre etablierte sich der Drei-Wege-Katalysator (TWC, engl.: Three Way Catalyst) zur Abgasreinigung von Ottomotoren. Dieser erlaubt die gleichzeitige Minderung von Kohlenmonoxid, Kohlenwasserstoffen und Stickstoffoxiden an Edelmetallen (Pt/Rh bzw. Pd/Rh) [10]. Um die optimale Wirkungsweise des TWC-Systems zu erreichen, ist es nötig, ein stöchiometrisches Verhältnis ($\lambda_{O2}$) von angesaugter und zur Verbrennung notwendiger Luftmenge einzustellen. Die zur Regelung benötigte Sonde ($\lambda_{O2}$-Sonde) wird im Abgasstrom vor dem Katalysator platziert. Bedingt durch den Luftüberschuss ($\lambda_{O2} > 1$) im Abgas mager betriebener Otto- bzw. Dieselmotoren ist die $NO_x$-Reduktion allerdings erschwert und der Einsatz des Drei-Wegekatalysators nicht möglich. Daher sind Verfahren zur Abgas-reinigung notwendig, die auch im sauerstoffreichen Abgas wirkungsvoll Stickstoffoxide reduzieren.

Neben innermotorischen Maßnahmen zur Senkung der Stickstoffoxid-emissionen werden derzeit in der Automobilindustrie zwei alternative Abgasnachbehandlungsverfahren verwendet. Diese sind die $NO_x$-Speicher-Katalysator-Technik (NSK) [11] und die Selektive Katalytische Reduktion durch ein Reduktionsmittel (SCR, engl.: Selective Catalytic Reduction) [12]. Die diskontinuierliche NSK-Technik wurde ursprünglich für den mager betriebenen Ottomotor entwickelt und wird nun auf Dieselmotoren übertragen. Im mageren Betriebszustand wird zunächst NO an Edelmetallen (z.B. Pt) zu $NO_2$ oxidiert, welches dann an basischen Speicherkomponenten (z.B. $BaCO_3$) chemisorbiert. In kurzen Fett-Phasen wird $NO_x$ desorbiert und durch die im Abgas vorhandenen Reduktionsmittel (HC, CO, $H_2$) an der Rh-Komponente des Katalysators reduziert. Durch diese sogenannten „Fett-Sprünge" wird der Katalysator regeneriert. Ein erheblicher Nachteil der NSK-Technologie besteht allerdings in der hohen Vergiftungsanfälligkeit der $NO_x$-Speichermedien gegenüber dem im Abgas vorhandenen $SO_x$ [8]. Bei der SCR-Technik werden sowohl NO als auch $NO_2$ kontinuierlich durch Ammoniak ($NH_3$) an einem Katalysator zu Stickstoff reduziert [13, 14]. Dieses Verfahren wird bereits seit den 1980er Jahren zur Entstickung von Abgasen aus stationär betriebenen Kraftwerksanlagen eingesetzt, wobei hauptsächlich gasförmiges Ammoniak zum Einsatz kommt. Im Kraftfahrzeugbereich dagegen wird die Freisetzung des Reduktionsmittels aus $NH_3$-Vorläufersubstanzen, wie etwa Harnstoff, favorisiert. Neben generellen verfahrenstechnischen Herausforderungen, z.B. im Hinblick auf die Dosierung des Harnstoffs, besteht ein erheblicher Nachteil des Verfahrens in der chemischen Zusammensetzung des bislang verwendeten Vanadiumoxid basierten Katalysatorsystems. Zum Einen ist noch nicht eindeutig geklärt, wie Vanadium auf die Gesundheit des Menschen wirkt, zum Anderen verflüchtig sich Vanadiumpentaoxid bei Temperaturen oberhalb von 680 °C und vermindert so die Aktivität der Katalysatoren. In Japan und den USA, insbesondere in Kalifornien, sind deshalb seit Anfang 2007 Vanadium beinhaltende Systeme nicht mehr erwünscht [15]. Aufgrund der kontroversen Diskussionen über die Verwendung der Aktivkomponenten $V_2O_5$ setzen sich auch auf dem europäischen Markt vermehrt Vanadium-freie Systeme im Serieneinsatz durch.

# 2  Aufgabenstellung

Vor dem Hintergrund, des hohen Stellenwertes den die Reduktion von Stickstoffoxiden in motorischen Abgasen besitzt und der Notwendigkeit Alternativen zum bisherigen Katalysatorsystem zu finden, beschäftigen sich Forschungs- und Entwicklungsarbeiten im Bereich der Diesel-Abgasnachbehandlung mit der Bewertung Vanadium-freier Katalysatoren [16-19]. Ziel der vorliegenden Arbeit ist daher die Entwicklung und systematische Untersuchung eines toxikologisch unbedenklichen und effizienten SCR-Katalysators auf der Basis von Eisenoxid für die Anwendung im sauerstoffreichen Diesel-Abgas. Als Trägermaterial kommt hierzu ein BEA-Zeolith zum Einsatz. Dieser besitzt neben einer für die heterogene Katalyse wichtigen großen äußeren Oberfläche auch eine die SCR-Reaktion begünstigende hohe Ammoniak-Speicherfähigkeit. Da die Abgastemperaturen moderner Pkw-Dieselmotoren bei Volllast bis zu 600 °C erreichen können und diese bei einer unkontrollierten Regeneration eines vorgeschalteten Dieselpartikelfilters (DPF) sogar noch höher liegen können, sollte der zu entwickelnde Katalysator bis 800 °C hydrothermal stabil sein. Des Weiteren machen es die immer tiefer werdenden Abgastemperaturen bei modernen Dieselmotoren erforderlich, dass die Katalysatoren schon bei Temperaturen unterhalb 300 °C eine hohe Aktivität aufweisen. So liegen beispielsweise beim PKW die Temperaturen der Abgasanlage im vorderen Unterbodenbereich im so genannten Neuen Europäischen Fahrzyklus (NEFZ) zumeist zwischen 150 °C und 250 °C. Diese Kriterien sollen hauptsächlich im Labor unter definierten Bedingungen mit Hilfe eines Modellabgases untersucht werden. Die

Beurteilung des aussichtsreichsten Fe/BEA-Katalysators erfolgt durch die systematische Variierung der Fe-Beladung, des Si/Al-Verhältnisses und der Kombination der Ergebnisse der SCR-Aktivitätsuntersuchungen mit denen einer eingehenden Materialcharakterisierung. Insbesondere kommen hierfür die UV/VIS-Spektroskopie, die $N_2$-Physisorption und die Mößbauer-Spektroskopie zum Einsatz. Zudem werden erste mechanistische Untersuchungen (XAS, SSITKA) unternommen. Ferner wird die Übertragbarkeit des Aktivitätsverhaltens des besten Katalysators auf reale Wabenkörpersysteme untersucht und unter realen Bedingungen am Motorprüfstand bewertet.

# 3 Grundlagen

Die Minderung der Konzentration von Schadstoffen wie Kohlenwasserstoffe, Kohlenmonoxid und $NO_x$ in Abgasen kann sowohl durch innermotorische- (primäre) als auch Abgasnachbehandlungs- (sekundäre) Techniken erreicht werden. In modernen Fahrzeugen kommt in den meisten Fällen eine Kombination aus primären und sekundären Maßnahmen zum Einsatz.

## 3.1 Innermotorische Verfahren zur Schadstoffminderung

Durch eine Vielzahl von Verstellgrößen, wie z.B. Einspritzdruck, Kolbenmuldengeometrie, Aufladung der Ansaugluft, Abgasrückführung und Wärmetauscher, kann innermotorisch Einfluss auf die Schadstoffbildung genommen werden. Tabelle 3-1 zeigt gängige Parameter sowie ihren Einfluss auf die Entstehung der Schadstoffe $NO_x$, HC, CO, Ruß und den Verbrauch bei Dieselmotoren.

Stickstoffmonoxid besitzt den größten Anteil an dem im Abgas von Verbrennungsmotoren enthaltenen Stickstoffoxiden. Die Bildung von NO bei Verbrennungsprozessen wird in drei Mechanismen unterteilt. Der Hauptanteil entfällt auf das thermische NO (ca. 95 %). Es entsteht primär durch die Oxidation des in der Ansaugluft enthaltenen Stickstoffes bei hohen Verbrennungstemperaturen (T > 1000 °C). Das Brennstoff-NO spielt hingegen eine untergeordnete Rolle, da der Stickstoffanteil im Dieselkraftstoff sehr gering ist. Ebenfalls einen unbedeutenden Beitrag (< 5 %) zur gebildeten NO-

Gesamtmenge steuert das prompte NO bei [20]. Dieses entsteht ausschließlich in der Flammenfront, in dem CH-Radikale mit Luftstickstoff reagieren, wobei Blausäure gebildet wird, welche im Anschluss mit Sauerstoff zu NO weiterreagiert [21].

**Tabelle 3-1:** Innermotorische Maßnahmen bei Dieselmotoren und deren Einfluss auf die Emissionen ( + positiver Effekt, − negativer Effekt, O ausgeglichen) [8].

| Parameter | $NO_x$ | HC / CO | Ruß | Verbrauch |
|---|---|---|---|---|
| später Spritzbeginn (Haupteinspritzung) | + | − | − | − |
| Abgasrückführung (ungekühlt) | + | − | − | − |
| Abgasrückführung (gekühlt) | + | − | + | + |
| Aufladung | − | + | + | + |
| Ladeluftkühlung | + | − | + | + |
| Piloteinspritzung (Voreinspritzung) | O | + | − | O |
| Angelagerte Nacheinspritzung | + | O | + | − |
| Einspritzdruckerhöhung | O | + | + | + |
| Abgesenktes Verdichtungsverhältnis | + | − | + | O |

Die verschiedenen innermotorischen Maßnahmen zur Reduktion der Stickstoffoxidemission im dieselmotorischen Abgas zielen vor allem darauf ab, die thermische NO-Bildung abzusenken. Durch Senkung der Verbrennungstemperatur kann der Anteil an entstehendem NO stark reduziert werden. Die Vermeidung von Luftzahlen ($\lambda$) größer 1,1 senkt die $O_2$-Konzentration im Brennraum und damit die NO-Bildung; dies ist beim Dieselmotor aber schwer zu realisieren, da dieser Prinzip bedingt mit Luftüberschuss arbeitet. Als weitere Maßnahme führt die Verlangsamung des Verbrennungsprozesses zu einem besseren Wärmetransport aus dem System und damit zur Absenkung der Temperaturen im Brennraum. Durch den Einsatz der innermotorischen Maßnahmen, besonders durch die späte Einspritzung und Abgasrückführung, sind z.B. die für Nutzfahrzeuge ab 2008 geltenden Euro-5-$NO_x$-Grenzwerte von 2 g/kWh bereits ohne $NO_x$-Nachbehandlungssysteme zu erreichen.

Durch optimierte Abgasrückführung, mehrstufige Aufladung und höhere Einspritzdrücke sind auch Werte bis etwa 1 g/kWh $NO_x$ möglich [22].

Spätestens jedoch mit Inkrafttreten der Euro-6-Norm für Nfz im Jahr 2014 sind zur Einhaltung der $NO_x$-Grenzwerte nach dem heutigen Stand der Technik Nachbehandlungsverfahren nötig. Zur Einhaltung der Grenzwerte für Rußpartikel, Kohlenmonoxid und Kohlenwasserstoffe sind jetzt schon Nachbehandlungsverfahren erforderlich und teilweise, z.B. in Form des Diesel-Oxidationskatalysators, schon seit Jahren in der Anwendung.


## 3.2 Verfahren der Abgasnachbehandlung im Diesel-Kfz


Der Diesel-Oxidationskatalysator (DOC, engl. diesel oxidation catalyst) ist der erste Katalysatortyp, der serienmäßig in Dieselfahrzeugen eingesetzt wird. Seine primäre Funktion ist es, die motorischen Kohlenmonoxid und Kohlenwasserstoff-Emissionen mit dem Restsauerstoff des Abgases zu den Gasen $CO_2$ und $H_2O$ zu oxidieren. Hierfür werden edelmetallhaltige Beschichtungen eingesetzt, deren Edelmetallgehalt im Bereich von 50-90 $g/ft^3$ ($1,8 - 3,2$ g/l) liegt. Die Katalysatoren bestehen meist aus keramischen oder metallischen Wabenstrukturen, in welchen das Abgas durch dünne, etwa 1 mm breite Kanäle geleitet wird. In modernen Abgasanlagen übernimmt das DOC-System noch weitere Funktionen, wie die Optimierung des Verhältnisses von NO zu $NO_2$. Dieser Schritt ist insbesondere wichtig für die nachgeschaltete DeNO$_x$-Einheit. Die Freisetzung von Wärme für die DPF-Regeneration durch bewusst zugeführte Kohlenwasserstoffe gehört ebenso dazu wie die Oxidation flüchtiger

Bestandteile der Partikel (adsorbierte Kohlenwasserstoffe). Hierdurch kann die emittierte Partikelmasse um bis zu 30 % vermindert werden [8].

Die Aufgabe des Partikelfilters ist es, einen sehr hohen Anteil der Partikel aus dem Abgasstrom abzutrennen. Auf Grund der geringen Partikelgröße (d < 100 nm) bietet nur die Filtration einen hinreichend großen Abscheidegrad. Als direkte Folge der Partikelabscheidung im Betrieb steigen der Abgasgegendruck und hiermit auch der Kraftstoffverbrauch. Es ist deshalb dringend erforderlich, den Filter in gewissen Zeiträumen zu regenerieren. Diese Regeneration kann passiv durch Spezies im Abgas, insbesondere z.B. $NO_2$, erreicht werden, oder aber aktiv durch die Erhöhung der Abgastemperatur, so dass die Rußpartikel durch $O_2$ oxidiert werden. Bei der von Johnson Matthey im Jahre 1989 patentierten passiven Regeneration (CRT-Effekt, engl. continuously regenerating trap [23, 24]) wird durch einen vorgeschalteten DOC-Katalysator der $NO_2$-Anteil im Abgas stark angehoben. Die $NO_2$-Moleküle reagieren mit auf dem Filter befindlichem Kohlenstoff „C" schon bei Temperaturen unterhalb 550 °C nach der Bruttoreaktionsgleichung (3-1) zu NO und $CO_2$.

$$2 \text{ "C"} + 2\,NO_2 \rightarrow 2NO + 2\,CO_2 \tag{3-1}$$

Die aktive Regeneration wird in den meisten Fällen durch das Einbringen von unverbrannten Kohlenwasserstoffen im Abgas erreicht, die am Oxidationskatalysator stark exotherm reagieren und so die Abgastemperatur erhöhen. Ab Temperaturen von 550 °C reagieren der auf dem Filter abgelagerte Kohlenstoff „C" mit dem bei der Verbrennung nicht benötigten Sauerstoff nach Gl. (3-2) ebenfalls zu $CO_2$, die Rußbeladung verringert sich.

$$\text{"C"} + O_2 \rightarrow CO_2 \tag{3-2}$$

Eine weitere Möglichkeit ist ein zusätzlich im Abgasstrang installiertes Brennersystem, das durch Verbrennen von Kraftstoff die Abgastemperatur anhebt. Eine dritte Möglichkeit ergibt sich durch die Zugabe von katalytisch aktiven Additiven in den Kraftstoff (FBC, engl. fuel borne catalyst); diese lagern sich im Partikelfilter an und ermöglichen eine Katalysator aktivierte Regenerierung bei niedrigeren Temperaturen [8]. Die hierfür am DOC-Katalysator herzustellende Exothermie ist im Vergleich zur reinen aktiven Regeneration geringer. Derzeit befinden sich vier Filtertypen in der Anwendung: keramische Extrudate aus Cordierit oder Siliziumcarbid (SiC), Sintermetallfilter und Partikelabscheider mit offenen Strukturen. Die Anforderungen an moderne Partikelfilter sind ein hoher Abscheidegrad auch für sehr kleine Partikel, ein geringer Strömungswiderstand, thermische Beständigkeit und strukturelle wie strömungstechnische Toleranz gegenüber nicht oxidierbaren Partikelbestandteilen (Asche).

Zur Minderung der Stickstoffoxide in sauerstoffreichem Abgas werden derzeit die $NO_x$-Speicher-Katalysator-Technik (NSK) oder die selektive katalytische Reduktion mittels Ammoniak [25] eingesetzt. An Stelle des Reduktionsmittels Ammoniak können prinzipiell aber auch Kohlenwasserstoffe oder Wasserstoff, die direkt aus dem Kraftstoff gewonnen werden, zum Einsatz kommen [26, 27].

Der $NO_x$-Speicher-Katalysator wurde ursprünglich für den mager betriebenen Ottomotor entwickelt und wird seit einigen Jahren auf Dieselmotoren übertragen. Dabei werden die Stickstoffoxide im mageren Betriebszustand des Motors ($\lambda \gg 1$) zunächst an basischen Zentren als Nitrate gespeichert. Hierzu wird NO an in der Trägerbeschichtung vorhandenem Platin, Palladium oder Rhodium zu $NO_2$ oxidiert, um dann an den Speicherkomponenten ($CeO_2$, $Al_2O_3$ und $Ba(OH)_2/BaCO_3$) in Form von Nitraten zu chemisorbieren, dargestellt in der Bruttoreaktion Gl.(3-3) [28-30]. Parallel zur Speicherung werden CO und HC an den Platin-Zentren zu $CO_2$ und $H_2O$ oxidiert.

$$2\,BaCO_3 + 4\,NO_2 + O_2 \rightarrow 2\,Ba(NO_3) + 2\,CO_2 \tag{3-3}$$

Ist die Sättigung der $NO_x$-Speichermedien erreicht, werden diese durch kurzzeitiges Anfetten des Abgases ($\lambda < 1$) über einen Zeitraum von $2 - 5$ s regeneriert. Dabei werden die als Nitrate gespeicherten Stickstoffoxide desorbiert und durch die im Überschuss vorhandenen Reduktionsmittel $H_2$, CO und HC zu Stickstoff und je nach Reaktionsbedingung auch zu Ammoniak umgesetzt. Die Brutto-Reaktionsgleichung ist exemplarisch für das Reduktionsmittel CO in Gl. (3-4) dargestellt.

$$2\,Ba(NO_3)_2 + 8\,CO \rightarrow 2\,BaCO_3 + O_2 + 6\,CO_2 + 2\,N_2 \tag{3-4}$$

Der wesentliche Vorteil des Verfahrens besteht darin, dass das erforderliche Reduktionsmittel aus dem Kraftstoff generiert wird. Allerdings besteht die Gefahr einer Vergiftung der Speichermaterialien. Die Schwefelverbindungen im Kraftstoff und Schmieröl werden während der Verbrennung zu Schwefeldioxid ($SO_2$) und -trioxid ($SO_3$) oxidiert, die dann als Sulfate chemisorbiert werden können. Da die Bindung der Sulfate an die im NSK-System eingesetzten $NO_x$-Speicherkomponenten thermodynamisch stabiler sind als die Bindung des Nitrats, gelingt es nicht diese durch die normale Regeneration, das kurzfristige anfetten des Abgases ($\lambda < 1$), zu entfernen. Dadurch steigt die Menge des gespeicherten Sulfats während der Betriebsdauer allmählich an, wodurch wiederum die Anzahl an $NO_x$-Speicherplätzen sinkt und der $NO_x$-Umsatz abnimmt. Die partielle Entschwefelung der Katalysatoren ist erst bei hohen Temperaturen ($T > 600\,°C$), z.B. durch Kraftstoffnacheinspritzung, möglich [31]. Auftretende Probleme sind hier die hohen Temperaturen (thermische Alterung) und die nicht vollständige Regeneration der Speicherzentren. Der Katalysator bleibt nachhaltig durch $SO_x$ vergiftet bzw. verliert durch Sintervorgänge an Aktivität.

Bei der selektiven katalytischen Reduktion wird der Gehalt an Stickstoffoxiden durch ein Reduktionsmittel gemindert, ohne dass dieses durch den im Überschuss vorhandenen Sauerstoff umgesetzt wird [32, 33]. Bei stationär betriebenen Anlagen (z.B. Kohlekraftwerken) hat sich gasförmiges $NH_3$ als effizientes Reduktionsmittel von $NO_x$ bewährt. Die Übertragung dieser Technik auf den Automobilbereich ist aber nicht ohne Weiteres möglich, da aus sicherheitstechnischen Gründen auf den direkten Einsatz des gesundheitsschädlichen Gases $NH_3$ verzichtet werden soll. Eine grundsätzliche Möglichkeit, $NH_3$ auf indirektem Wege für die katalytische Reduktion verfügbar zu machen, besteht darin, solche Verbindungen einzusetzen, die z.B. erst beim Erhitzen $NH_3$ freisetzen. Die Automobilindustrie hat sich deshalb darauf verständigt, eine wässrige Harnstoff-Lösung („AdBlue", DIN 70700) als Reduktionsmittel einzusetzen. „AdBlue" ist gemäß den Richtlinien der Europäischen Union ungefährlich für Mensch, Tier und Umwelt [34].

Die 32,5 Ma.-% Harnstoff $(NH_2)_2CO$ enthaltende wässrige Lösung wird über eine Pumpe-Düse-Einheit aus einem separaten Tank in den heißen Abgasstrom eingesprüht. Das enthaltene Wasser verdampft und der Harnstoff zersetzt sich an einem Hydrolyse-Katalysator in die gasförmigen Komponenten $NH_3$ und $CO_2$. Dieser Zersetzungsmechanismus gliedert sich in zwei Schritte. In der Thermolyse entstehen zunächst ein Molekül $NH_3$ und Isocyansäure (HNCO) [35, 36].

$$(NH_2)_2CO \rightarrow NH_3 + HNCO \tag{3-5}$$

In der anschließenden Hydrolyse reagiert die HNCO weiter zu $CO_2$ und $NH_3$.

$$HNCO + H_2O \rightarrow NH_3 + CO_2 \tag{3-6}$$

Das entstandene Ammoniak reduziert im Anschluss am Katalysator die im Abgas enthaltenen Stickstoffoxide zu Stickstoff unter Bildung von Wasser [37, 38]. Die dem Prozess zugrunde liegende Brutto-Reaktionsgleichung zeigt Gl. (3-7). Da moderne Dieselmotoren hauptsächlich Stickstoffoxide in Form von NO emittieren, wird dieser Schritt allgemein als die Standard-SCR-Reaktion bezeichnet.

$$4\,NO + 4\,NH_3 + O_2 \rightarrow 4\,N_2 + 6\,H_2O \qquad\qquad (3\text{-}7)$$

Wird der SCR-Einheit ein Oxidationskatalysator (DOC) vorgeschaltet, liegt ein Teil des $NO_x$ als $NO_2$ vor. Bei einem größeren $NO_2/NO$-Verhältnis ist die Reaktionsgeschwindigkeit deutlich höher als die der Standard-SCR-Reaktion (Gl.(3-7)). Der Reaktionspfad nach Gleichung (3-8) wird in Anlehnung an die englische Schreibweise (engl.: fast-SCR [39-41]) als „schnelle SCR-Reaktion" bezeichnet.

$$2\,NO_2 + 2\,NO + 4\,NH_3 \rightarrow 4\,N_2 + 6\,H_2O \qquad\qquad (3\text{-}8)$$

Enthält das Abgas dagegen überwiegend $NO_2$ ($c(NO_2)/c(NO_x) > 0{,}5$), läuft die Reaktion nach folgender Gleichung („$NO_2$-SCR-Reaktion") ab.

$$6\,NO_2 + 8\,NH_3 \rightarrow 7\,N_2 + 12\,H_2O \qquad\qquad (3\text{-}9)$$

Dieser Reaktionspfad ist aber wegen des höheren Ammoniakverbrauchs nicht vorteilhaft.

In Abwesenheit von $O_2$ oder bei sehr geringen Sauerstoff-Konzentrationen verläuft die Reaktion dagegen nach Gleichung (3-10), wobei diese aufgrund des Luftüberschusses im mageren Abgas und ihrer geringeren Reaktionsgeschwindigkeit kaum zur NO-Reduktion beiträgt.

$$6\,NO + 4\,NH_3 \rightarrow 5\,N_2 + 6\,H_2O \qquad\qquad (3\text{-}10)$$

Ferner sind weitere Reaktionspfade (Gl.(3-11)-(3-14)) bekannt, die aber von untergeordneter Bedeutung sind und auf Grund der Bildung des Treibhausgases $N_2O$ am Katalysator unerwünscht sind.

$$4\,NO_2 + 4\,NH_3 \rightarrow 2\,N_2O + 2\,N_2 + 6\,H_2O \tag{3-11}$$

$$4\,NO_2 + 3\,NH_3 \rightarrow 3{,}5\,N_2O + 4{,}5\,H_2O \tag{3-12}$$

$$4\,NO_2 + 4\,NH_3 + O_2 \rightarrow 4\,N_2O + 6\,H_2O \tag{3-13}$$

$$4\,NO + 4\,NH_3 + 3\,O_2 \rightarrow 4\,N_2O + 6\,H_2O \tag{3-14}$$

Als weitere unerwünschte Nebenreaktion kann das Reduktionsmittel $NH_3$ bei Temperaturen oberhalb 350 °C am Katalysator durch den im Überschuss vorhandenen Sauerstoff zu NO, $N_2O$ oder auch $N_2$ oxidiert werden (Gleichungen (3-15)-(3-17)).

$$4\,NH_3 + 5\,O_2 \rightarrow 4\,NO + 6\,H_2O \tag{3-15}$$

$$4\,NH_3 + 4\,O_2 \rightarrow 2\,N_2O + 6\,H_2O \tag{3-16}$$

$$4\,NH_3 + 3\,O_2 \rightarrow 2\,N_2 + 6\,H_2O \tag{3-17}$$

Es wird aber darauf hingewiesen, dass die Reaktionen nach den Gleichungen (3-12) bis (3-14) an mit Metallionen ausgetauschten Zeolithen noch nicht beobachtet wurden [42]. Des Weiteren kann das gebildete $N_2O$ bei höheren Temperaturen nach Gl. (3-18) an Zeolith-Katalysatoren in die Moleküle $N_2$ und $O_2$ gespalten werden [43].

$$2\,N_2O \rightarrow 2\,N_2 + O_2 \tag{3-18}$$

Neben $NH_3$ können zudem auch Kohlenwasserstoffe als Reduktionsmittel (HC-SCR) verwendet werden. Held et al. [44] und Iwamoto et al. [12] zeigten, dass auch ungesättigte Kohlenwasserstoffe wie Ethen, Propen und Buten als Reduktionsmittel in oxidierender Atmosphäre zur $NO_x$-Reduktion eingesetzt werden können. Dieses Verfahren ist für den mobilen Einsatz prinzipiell attraktiv, da im Fahrzeug kurzkettige Kohlenwasserstoffe durch Aufbereitung (Cracken, Destillation) von Dieselkraftstoff verfügbar sind. Die Brutto-Gleichung der sogenannten HC-SCR-Reaktion ist in Gleichung (3-19) vereinfacht mit Propen als Modellkohlenwasserstoff beschrieben.

$$18\,NO + 2\,C_3H_6 \rightarrow 6\,CO_2 + 6\,H_2O + 9\,N_2 \tag{3-19}$$

Als Katalysator eignet sich z.B. mit Pt oder Pd dotiertes $\gamma$-$Al_2O_3$. Ein Nachteil der HC-SCR-Reaktion ist die hohe Selektivität an $N_2O$ [45] sowie der große Bedarf an Kohlenwasserstoffen für die NO-Reduktion, da das Reduktionsmittel am Katalysator hauptsächlich durch den im Überschuss vorhandenen Sauerstoff oxidiert wird. Neuere Untersuchungen von Burch et al. [46, 47] zeigen, dass die HC-SCR-Reaktion an $Ag/Al_2O_3$- und Ag/MFI-Zeolith-Katalysatoren schon ab 150 °C anspringt und im Bereich von 225 - 470 °C eine $NO_x$-Konversion von über 80 % aufweist. Des Weiteren besitzen diese Katalysatoren eine $N_2$-Selektivität von ca. 100 %, sie sind allerdings im Tieftemperaturbereich noch anfällig für die Vergiftung durch $SO_x$. Die Entfernung dieser Vergiftungen gelingt erst bei hohen Temperaturen (> 700 °C).

Die Reduktion von $NO_x$ in sauerstoffreichen Abgasen ist auch mittels Wasserstoff ($H_2$-SCR) möglich und läuft an mit Platin dotiertem $Al_2O_3$ oder $ZrO_2$ bereits bei Temperaturen oberhalb von 60 °C ab [48, 27]. Das Verfahren eignet sich zur Minderung von Stickstoffoxiden bei tiefen Temperaturen und ist somit als Ergänzung zu den bereits erwähnten Abgasreinigungsverfahren einsetzbar, da diese erst bei Abgastemperaturen oberhalb 150 °C effektiv sind.

Die Selektivität platinhaltiger Katalysatoren ist aber problematisch, da überwiegend hohe Mengen des Treibhausgases $N_2O$ an Stelle des gewünschten $N_2$ gebildet werden. Neuere Entwicklungen erlauben durch Modifikationen am Träger einen breiten Arbeitsbereich von etwa 60-500 °C; bei deutlich verbesserter $N_2$-Selektivität [49, 50]. Diese neuartigen Trägermaterialen enthalten neben $Al_2O_3$ bzw. $ZrO_2$ auch Wolframoxid ($WO_3$) oder Perowskit-verwandte Substanzen. Die verbesserten Eigenschaften der $Pt/WO_3/ZrO_2$-Materialien resultieren aus der elektronischen Wechselwirkung zwischen $WO_3$ und Pt. Die Bereitstellung von Wasserstoff im Kraftfahrzeug ist prinzipiell durch katalytisches Cracken von Dieselkraftstoff, Reformierung von Methanol oder durch Elektrolyse von $H_2O$ möglich [51, 52].

## 3.3 Katalysatoren und Mechanismus der NH$_3$-SCR-Reaktion

Die typischen kommerziellen SCR-Katalysatoren sind $V_2O_5/WO_3/TiO_2$ bzw. $V_2O_5/MoO_3/TiO_2$ [53]. Dabei bildet $TiO_2$ in der Anatasmodifikation das Trägermaterial. $V_2O_5$ und $WO_3$ (bzw. $MoO_3$) werden entweder als „Monolage" durch Imprägnierung aufgebracht, oder sie werden mit $TiO_2$ vermengt in Form eines Vollextrudates hergestellt. Die derzeit auf dem Markt befindlichen SCR-Katalysatoren weisen eine Zusammensetzung von 0,5-3 Ma.-% Vanadiumoxid als Aktivkomponente und 5-10 Ma.-% Molybdän- bzw. Wolframoxid als Promotor auf. Die Oberfläche dieser Katalysatoren liegt zwischen 50-100 m²/g. Obwohl Vanadiumoxid einen hervorragenden Katalysator darstellt, wird im Hinblick auf die Problematik der möglichen mutagenen Wirkungsweise, versucht, dieses durch alternative Katalysatoren zu ersetzen. Vanadium-pentaoxid beginnt, sich schon bei ca. 660 °C zu verflüchtigen. So kann es z.B.

bei hohen Temperaturen (800 °C), wie sie etwa bei der unkontrollierten Regeneration eines dem SCR-System vorgeschalteten Partikelfilters auftreten können, zum Austrag des $V_2O_5$ und in Folge zur Desaktivierung des Katalysators kommen.

Kato et al. [54] berichteten 1981 erstmals über die Verwendung eines Eisenoxid-Titanoxid-Systems als Alternative zu $V_2O_5$-haltigen SCR-Katalysatoren [55, 56]. Darauf hin wurde eine große Anzahl an Metallen wie z.B. Cer, Eisen, Titan, Cobalt, Kupfer, Nickel, Mangan, Zinn, Silber und Lanthan [57, 58, 18, 59-62] im Hinblick auf ihre SCR-Aktivität untersucht. Die geringste Aktivität wurde bei Mangan gefunden, aber auch Cobalt, Nickel und Lanthan zeigten nur moderate Umsätze [63]. Ein interessanter Bereich an SCR-Katalysatoren eröffnet sich mit der Gruppe der Cu, Fe, Ce und Ag-haltigen Zeolithe. Entsprechend den Metalloxiden werden auch verschiedene ionen-getauschte Zeolith-Träger eingesetzt, wie z.B. MCM [64], USY [65], MOR [66], MFI [19], BEA [67, 68]. Hierbei zeigte sich, dass Zeolithe mit kleineren Porendurchmessern (BEA, MFI, MOR) aktiver sind als solche mit größeren Radien (MCM, USY) [17, 69].

Zeolithe sind Alumosilikate, die mit der Gruppe der Tecto- oder Gerüstsilikate verwandt sind. Die dreidimensionalen Raumstrukturen der Silikate sind aus eckenverknüpften $SiO_2^{2-}$-Tetraedern aufgebaut, wobei ein Teil der $SiO_2^{2-}$-Tetraeder durch $(AlO_2)^-$-Tetraeder ersetzt ist [70-72]. Im Gegensatz zum Silizium-Kation ist das Aluminium-Kation nur dreifach positiv geladen, so dass jeder Tetraeder mit Aluminium als zentrales Kation formal eine negative Ladung in das System einbringt. Die Strukturformel für eine Zeolith-einheitszelle, die neben Aluminium, Silicium und einem zusätzlichen Kationen für den Ladungsausgleich auch Kristallwasser enthält, lässt sich allgemein durch folgende Formel angeben:

$$M_{y/n}^{n+} \left\{ (AlO_2)_y^- (SiO_2)_z \right\} \cdot x\ H_2O,\ z \geq y \qquad (3\text{-}20)$$

Dabei stellt M ein Kation der Oxidationsstufe n, x die Anzahl der Wassermoleküle und y bzw. z die Anzahl der $AlO^{2-}$ bzw. der $SiO_2$-Tetraeder pro Einheitszelle dar. Eine wichtige Kennzahl zur Charakterisierung von Zeolithen ist das molare Verhältnis von Silizium zu Aluminium, es kann Werte zwischen 1 und $\infty$ annehmen.

Das Alumosilikat stellt somit ein anionisches Makromolekül dar. Die negative Gerüstladung kann durch Kationen (z.B. $H^+$, $Na^+$, $NH_4^+$) ausgeglichen werden, die sich in den Hohlräumen und Kanälen des Gerüsts befinden. Diese Kationen sind im Kristallgitter beweglich und können ausgetauscht werden. Durch einen solchen Ionenaustausch können Zeolithe chemisch modifiziert werden. Die am häufigsten verwendete Technik zum Austausch der im Zeolith befindlichen Kationen ist der Flüssig-Ionenaustausch (LIE, engl. liquid ion exchange) [73, 74]. Hierbei findet in wässriger Lösung der Austausch von $H^+$-, $Na^+$- oder $NH_4^+$-Kationen aus der Zeolithmatrix durch z.B. $Fe^{3+}$- oder $Cu^{2+}$-Ionen statt. Eine weitere Methode ist die Gasphasenabscheidung von Metallen in die Poren der Zeolithmatrix (CVD, engl. chemical vapor deposition). Der Ionenaustauch mittels Gasphasenabscheidung von Eisen(III)chlorid ($FeCl_3$) wurde erstmals von der Gruppe um Sachtler et al. [75, 76] beschrieben. Hierbei wird $FeCl_3$ in einem Vorratsbehälter sublimiert und mit Hilfe eines Inertgasstroms auf den Zeolith geleitet. Durch die Abkühlung des Gasstromes scheidet sich Eisenchlorid aus der Gasphase ab und reagiert mit dem Wasserstoffionen im Zeolith (kurz: H-Zeo, Gl. (3-21)-(3-22)) [76].

$$\text{H-Zeo} + Fe_2Cl_6 \longrightarrow Fe_2Cl_5\text{-Zeo} + \text{HCl} \qquad (3\text{-}21)$$

$$Fe_2Cl_5\text{-Zeo} \xrightarrow[\Delta H,\ H_2O]{} \text{Fe-Zeo} + FeO_x + 5\ \text{HCl} \qquad (3\text{-}22)$$

Der Festkörper-Ionenaustausch (SSIE, engl. solid state ion exchange) verläuft ähnlich der CVD-Methode; der benötigte Versuchsaufbau gestaltet sich aber deutlich einfacher. Diese Technik beruht auf dem mechanischen Mischen von Zeolith und Eisenchlorid ($FeCl_3 \cdot 6H_2O$). Die Mischung wird unter Inertgas ($N_2$ oder Ar) über die Sublimationstemperatur der Eisenquelle erhitzt und im Anschluss mit Wasser gewaschen [77].

Im Hinblick auf die $NO_x$-Konversion zeigen zwar die mit Kupferkationen ausgetauschten Zeolithe bereits im Tieftemperaturbereich eine höhere SCR-Aktivität als der Eisen beschichtete Zeolith [63], aber diese Katalysatoren besitzen häufig noch eine hohe $N_2O$-Selektivität [78]. Dzwigaj et al. [79] berichteten am Cu-Si-BEA-Zeolith im Bereich von 350-450 °C von einer $N_2O$-Selektivität von über 25 %. Eine neuere Studie von Olsson et al. [80] an einem Cu-ZSM-5-Katalysator zeigte hingegen $N_2O$-Selektivitäten von 10 % bei der Standard-SCR- bzw. Werte von etwa 25 % bei der schnellen-SCR-Reaktion.

Von weitaus größerer Umweltrelevanz ist die Eigenschaft, dass sich an Metallen (z.B. Cu, Zn, Fe, Ni) in Anwesenheit von Chlor und organischem Kohlenstoff Dioxine bilden können. Gullett et al. [81] zeigten, dass die Dioxin-Bildung an Cu, Cu(I) und Cu(II) bevorzugt abläuft. Das zur Bildung der sehr giftigen Dioxine benötigte Chlor kann hierbei aus biogenen Kraftstoffen oder in Küstenregionen über die Ansaugluft an den Katalysator gelangen. Aus diesem Grund weicht man auf eisenbasierte Katalysatoren aus, da diese nur eine geringfügig schlechtere Aktivität bei deutlich verbesserter $N_2$-Selektivität aufweisen. Long und Yang [77, 66] präparierten mittels wässrigem Ionen-austausch eine Reihe von Fe-getauschten Zeolithen (Fe-ZSM-5, Fe-MOR, Fe-FER, Fe-BEA, Fe-Y, Fe-MCM-41) und überprüften ihre Aktivität hinsichtlich der $NH_3$-SCR-Reaktion, sowohl in Ab- als auch in Anwesenheit von Wasser. Der Fe-ZSM-5-Katalysator mit einem Zeolith-Austauschgrad von 58 %, entsprechend einem Eisengehalt von 1,6 Ma.-%, zeigt im Temperaturbereich von 400 bis 550 °C einen nahezu vollständigen $NO_x$-Umsatz. Des Weiteren wurden am Fe-ZSM-5-Zeolith die Einflüsse der Präparationsmethode auf die SCR-Reaktion mittels $NH_3$ aufgezeigt. Die nach der SSIE-Methode präparierten Proben sind deutlich aktiver als diejenigen, die durch das CVD-Verfahren hergestellt wurden. Grünert et al. [74] untersuchten ebenfalls den Einfluss der Präparationsmethode auf die katalytische Aktivität und berichteten von gegensätzlichen Erkenntnissen. Nach Grünert et al. liegt die Aktivität der durch CVD hergestellten Muster deutlich über denen mittels Flüssig-Ionenaustausch hergestellten Proben. Eine Vielzahl von Veröffentlichungen beschäftigt sich im Gegensatz zu den Eisen-ausgetauschten Mordenit-, Ferrierit-, Y- und BEA-Zeolithen mit Zeolithen vom Typ ZSM-5 [75, 76, 60, 19]. Nur sehr wenige Arbeiten beziehen sich aktuell auf die Präparation und Aktivität von BEA-Zeolithen bei der SCR-Reaktion [82]. In Bezug auf den Mechanismus der $NH_3$-SCR-Reaktion an Vanadiumpentaoxid wird angenommen, dass die $NO_x$-Reduktion nach dem Eley-Rideal-Modell verläuft. In einem ersten Schritt adsorbiert $NH_3$ an die Bronsted-Zentren ($V^{5+}$-OH) unter Bildung von $NH_4^+$. Dieses reduziert benachbarte Redox-Zentren ($V^{5+}$=O) zu ($V^{4+}$-OH)-Zentren. Der so aktivierte $NH_3$-Komplex ($V^{5+}$-O$-\cdots$[$NH_3$]$^+$-$V^{4+}$-OH) kann unter Bildung von $N_2$ und $H_2O$ mit aus der Gasphase stammendem bzw. schwach adsorbiertem NO reagieren. Der Redox-Zyklus schließt sich durch die Reoxidation der ($V^{4+}$-OH)-Spezies unter Bildung von $H_2O$ zu ($V^{5+}$=O) [83, 84]. Detaillierte Angaben zur Adsorption von Ammoniak an $V_2O_7H_4$-Clustern liefern z.B. Kobayashi et al. [85]. Jug et al. [86] vertieften das Verständnis über den Mechanismus möglicher Intermediate mittels theoretischer Betrachtungen auf Basis der Dichtefunktionaltheorie (DFT). Koebel et al. [40] unterteilen die schnelle-SCR-Reaktion in mehrere Einzelschritte unter Berücksichtigung der Zwischenprodukte $HNO_2$ und $NH_4NO_2$. In Abbildung 3-1 ist der am Vanadiumpentaoxid ablaufende Redox-Mechanismus schematisch dargestellt.

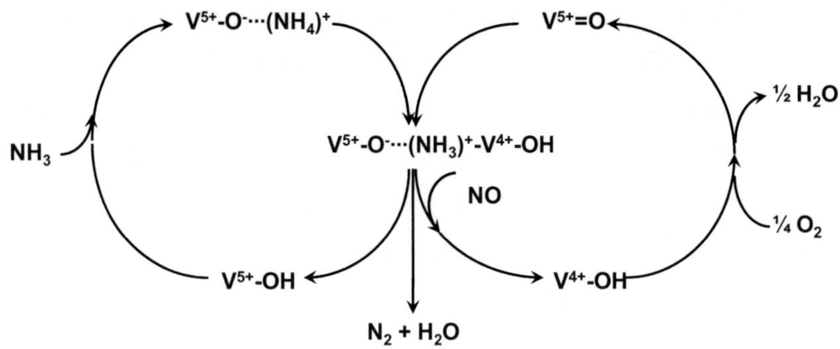



**Abbildung 3-1:** Schematische Darstellung des Mechanismus der NH$_3$-SCR-Reaktion am V$_2$O$_5$/TiO$_2$/WO$_3$-System [87].

Im Gegensatz zum Vanadium-System gibt es für die Zeolith-Katalysatoren noch keine schlüssigen Vorstellungen über den genauen Ablauf der Standard-SCR-Reaktion. Huang et al. [88] verwenden zur Beschreibung einen formal-kinetischen Potenzansatz, sie finden eine Reaktionsordnung von 1 in Bezug auf die NO-Konzentration, nullte Ordnung für NH$_3$ und 0,5-te Ordnung für O$_2$. Die Autoren erklären den bei ihren Experimenten betrachteten verminderten NO$_x$-Umsatz bei höheren Temperaturen mit der parallel ablaufenden NH$_3$-Oxidation. Als geschwindigkeitsbestimmenden Schritt schlagen sie die Oxidation von NO zu NO$_2$ an den katalytisch aktiven Spezies vor. Eng und Bartholomew [17, 69] ermitteln am H-ZSM-5 Katalysator Reaktionsordnungen von 0,7 - 0,6 und 1,0 für NO, NH$_3$ und O$_2$. Sun et al. [89] weisen Salpetrige Säure (HNO$_2$) und Ammoniumnitrit (NH$_4$NO$_2$) als Zwischenprodukte der schnellen SCR-Reaktion an einem Fe-ZSM-5 Katalysator nach. Chatterjee et al. [90] und Tronconi et al. [91] modifizieren einen bereits vorhandenen schnellen SCR-Mechanismus auf Basis der oben genannten Erkenntnisse von Sun et al., und übertragen die Reaktionspfade am V$_2$O$_5$-Katalysator auf das Zeolith-System [92]. Durch Erweiterung des Reaktionssystems um die Oxidation des Stickstoffmonoxids an

24

Eisen und Berücksichtigung der $NO_2$-SCR-Reaktion (Gl. (3-9)) gelingt eine gute Übereinstimmung zwischen den experimentellen und modellierten Ergebnissen an einem nicht genauer definierten Fe-Zeolith [93]. Analog zum Vanadium-System wird als erster Schritt die Adsorption bzw. Desorption von Ammoniak angenommen. Hierbei bildet $NH_3$ eine Bindung über das freie Elektronenpaar des Stickstoffatoms (Lewis-Zentrum) bzw. über das Wasserstoffatom (Bronsted-Zentrum) an das Substrat ([*], Gl. (3-23)). Die zuletzt genannte Bindung ist auch oberhalb 200 °C thermisch stabil [94].

$$NH_3 + [*] \rightarrow [NH_3]^* \tag{3-23}$$

Ähnlich dem Eley-Rideal-Mechanismus am Vanadiumoxid (Abbildung 3-1) läuft die Standard-SCR-Reaktion mit dem aus der Gasphase stammenden Stickstoffoxid und Sauerstoff nach Gl. (3-24) ab; NO wird dabei an $Fe^{3+}$-Zentren zu $NO_2$ oxidiert [93] :

$$Fe_x^{III}O_y + NO \rightarrow NO_2 + Fe_x^{II,III}O_{y-1} \tag{3-24}$$

In einem weiteren Schritt reagieren das aus der Gasphase stammende NO und $NO_2$ mit adsorbiertem $NH_3$ nach der „schnellen SCR-Reaktion" zu $N_2$ und $H_2O$:

$$2\,NO + 2\,NO_2 + 4\,[NH_3]^* \rightarrow 4\,N_2 + 6\,H_2O + 4\,[*] \tag{3-25}$$

Sauerstoff dient der Reoxidation der Eisenzentren:

$$Fe_x^{II,III}O_{y-1} + \frac{1}{2}O_2 \rightarrow Fe_x^{III}O_y \tag{3-26}$$

Hierbei wird die $NO_2$-Bildung bzw. die Reoxidation der $Fe^{3+}$-Zentren wie von Huang et al. [88] beschrieben als geschwindigkeitsbestimmender Schritt angesehen. Im Fall eines molaren Verhältnisses von $c(NO)/c(NO_2) = 1$ erfolgt die Reoxidation an der Katalysator-Oberfläche um ein Vielfaches schneller durch die aus der Salpetrigen Säure ($HNO_2$) und Salpetersäure ($HNO_3$) gebildeten $NO^{2-}$- bzw. $NO^{3-}$-Spezies als durch den Gasphasen-Sauerstoff.

Es wird angenommen, dass 2 Moleküle $NO_2$ zu $N_2O_4$ dimerisieren und mit Wasser die Salpetrige- und Salpetersäure bilden (Gl. (3-27)).

$$2\,NO_2 \;\rightarrow\; N_2O_4 + H_2O \;\rightarrow\; HNO_3 + HNO_2 \tag{3-27}$$

Letztere reagiert mit an der Oberfläche adsorbiertem Ammoniak über das instabile Intermediat Ammoniumnitrit zu den Produkten $N_2$ und $H_2O$:

$$HNO_2 + [NH_3]^* \;\rightarrow\; \{NH_4NO_2\}^* \;\rightarrow\; N_2 + 2H_2O + [*] \tag{3-28}$$

Dabei ergibt sich die „schnelle SCR-Reaktion" (Gl. (3-8)) als Bruttogleichung mehrerer Teilreaktionen (Gl. (3-27)-(3-30)). Dieser Mechanismus ist in Abbildung 3-2 schematisch dargestellt [95-97].

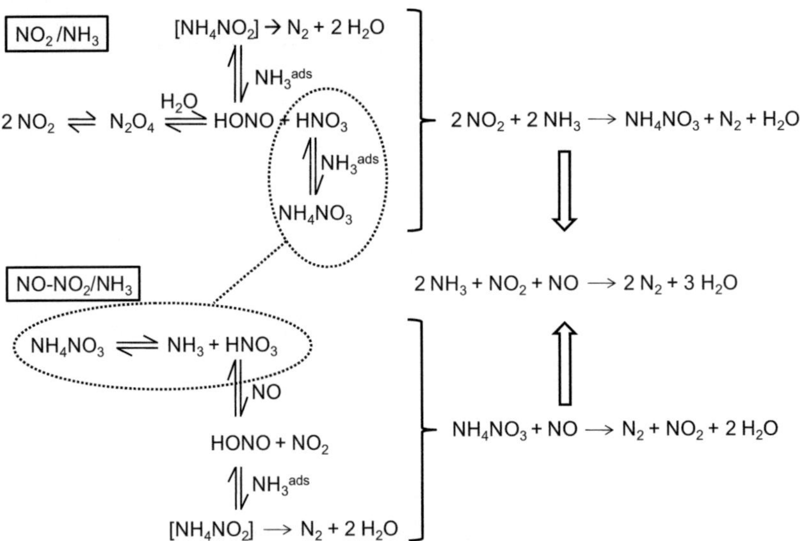


**Abbildung 3-2:** Schema der schnellen SCR-Reaktion als Summe der verschiedenen Teilreaktionen [96].

Falls nur $NO_2$ und kein NO im Gasstrom vorhanden ist, kommt die $DeNO_x$-Reaktion rasch unter Bildung von Ammoniumnitrat zum Erliegen (Gl. (3-29)). Dabei reagiert die Salpetersäure mit an der Oberfläche adsorbiertem Ammoniak.

$$HNO_3 + [NH_3]^* \rightarrow [NH_4^+]^* + NO_3^- \rightleftarrows [NH_4NO_3]^* \tag{3-29}$$

Die Bereitstellung von NO aus der Gasphase ermöglicht den Abbau des Ammoniumnitrats bzw. der im Gleichgewicht stehenden Salpetersäure zur Salpetrigen Säure ($HNO_2$).

$$HNO_3 + NO \rightarrow HNO_2 + NO_2 \tag{3-30}$$

Diese kann über Gl. (3-28) mit adsorbiertem $NH_3$ zu den Endprodukten $H_2O$ und $N_2$ weiterreagieren. Das gebildete $NO_2$ kann über Gl. (3-27) wieder in die SCR-Reaktion integriert werden. Abbildung 3-2 verdeutlicht, dass eine übermäßige Erhöhung des $NO_2$-Anteils einen negativen Einfluss auf die Geschwindigkeit der SCR-Reaktion hat. Die SCR-Reaktion läuft in Anwesenheit von $NO_2$ zwar schneller ab, jedoch ist für den Schritt des Salpetersäureabbaus NO notwendig [42, 98].

# 4 Verwendete Analysenmethoden

Im Folgenden werden die zur Charakterisierung der Katalysatoren verwendeten Verfahren, wie zum Beispiel Methoden zur Strukturerfassung, zur Oberflächenbestimmung und zur Bestimmung der Massenanteile [99] beschrieben. Des Weiteren wird auf die Methoden der bei den Aktivitätsmessungen verwendeten Gasphasenanalysengeräte eingegangen.

## 4.1 Methoden der Katalysatorcharakterisierung

Die Verfahren der Materialcharakterisierung werden hauptsächlich an kommerziell verfügbaren Apparaturen durchgeführt. Die Bestimmung der spezifischen Oberfläche durch $N_2$-Physisorption erfolgt nach der Methode von Brunauer, Emmet und Teller (BET, DIN 66131) [100-102]. Die Messungen werden an einem Gerät vom Typ Sorptomatic 1990 (Porotec) durchgeführt. Die Abweichung zwischen den Messungen bei den verwendeten Zeolithmaterialien beträgt ca. $\pm 20$ m$^2$/g und beruht auf geringen Unterschieden in der Auswahl der zur Berechnung der Mehrpunkt-Isothermen herangezogenen Daten. Es ist stets darauf zu achten, dass die verwendeten Daten im selben Druckbereich liegen.

Die Röntgenbeugung (engl. XRD, X-ray diffraction) [103-106] zur Bestimmung der kristallinen Strukturen wird mit Hilfe eines Diffraktometers D 501 (Siemens) durchgeführt. Das Diffraktometer verwendet eine Cu-K$_\alpha$-Strahlung mit einer Beschleunigungsspannung von 40 kV und einer Stromstärke von 20 mA.

Die quantitative Bestimmungen der Element-Massengehalte der Aktivkomponente Eisen, der Promotoren sowie der Trägerzeolithe erfolgen durch die Atomabsorptionsspektroskopie (AAS) [107, 108]. Hierfür werden die pulverförmigen Proben bei 105 °C 24 h lang getrocknet und anschließend in einem Autoklaven aufgeschlossen. Eisen wird durch einen Aufschluss aus konzentrierter Salpetersäure und etwas Wasserstoffperoxid gelöst. Die Elemente Silicium und Aluminium werden mittels einer Natrium/Kaliumcarbonat-Schmelze aufgeschlossen. Die verwendeten Promotoren (Ca, Mo, Mg, La, W, Y, Zr) werden nach der Methode von Tölg [109] (konzentrierte Flusssäure & Salpetersäure) gelöst. Die AAS-Analyse erfolgt nach dem Standard-Kalibrationsverfahren. Die Messungen werden an einem Atomabsorptionsspektrometer AAS 4100 (Perkin-Elmer/Überlingen) durchgeführt. Hierbei werden die zu untersuchenden Lösungen in einem Turbulenzbrenner in einer Acetylen/Sauerstoff-Flamme verdampft. Im Falle der Elemente Si, Al und Ca kommt eine Lachgas/Acetylen-Flamme zum Einsatz. Der Fehler des Standard-Kalibrationsverfahrens mit Hilfe von zuvor erstellten definierten Lösungen beträgt ca. 2 °%.

Detaillierte Informationen über den Oxidationszustand der Fe-Spezies des zu untersuchenden Katalysators werden mit Hilfe der Röntgenabsorptionsspektroskopie erlangt. Jedes Atom emittiert unter Röntgenbestrahlung bei einer spezifischen Energie Photoelektronen. Im Röntgenabsorptionsspektrum erscheinen diese emittierten Photoelektronen ($e^-$) dann als sprunghafte Erhöhung (Kante). Hierbei wird der Bereich $\pm 10$ eV um die untersuchte Kante als Nahbereich (XANES, engl. X-ray absorption near egde structure) und der Bereich bis 100 eV hinter der Kante als erweiterter Bereich (EXAFS, engl. extended X-ray absorption fine structure) bezeichnet [71, 110, 104]. Im Falle des Eisens gibt der XANES-Bereich Informationen über das niedrigste, nicht besetzte Orbital (1s $\rightarrow$ 3d), über die Elektronenkonfiguration und die

Koordination des absorbierenden Atoms. EXAFS beschäftigt sich mit dem Signal, welches sich ergibt, wenn die ausgeschlagenen Photoelektronen, die sowohl Wellen- als auch Teilchencharakter besitzen, an benachbarten Atomen zurückstreuen. Diese Streuung der ausgehenden und von den Nachbaratomen reflektierten Welle, wird durch Interferenzen im Röntgenabsorptionsspektrum sichtbar. Die XANES-Untersuchungen werden an der Angstrømquelle Karlsruhe (kurz: ANKA) durchgeführt. Die Synchrotronstrahlenquelle des ANKA ist mit einem 2,5 GeV Speicherring und einem Injektionsstrom von 85 - 180 mA ausgestattet. Als Monochromatoren dienen zwei parallel angebrachte Si(111)- und Si(311)-Kristalle. Die ein- und ausgehende Strahlung wird mittels Ionenkammern (Oxford) detektiert [111]. Die Untersuchung der Katalysator-Probe wird im Bereich von 7063 – 7213 eV durchgeführt, da das Spektrum der Fe-$K_\alpha$-Kante etwa um 7112 eV erwartet wird [112]. Die Signale werden in Fluoreszenz orthogonal zum Röntgenstrahl mit einem 5-Element-Germanium-Detektor (Canberra LeG) aufgenommen. Die Probe befindet sich in einem Mikroreaktor mit einem Innendurchmesser von ca. 1 mm, der im Winkel von 45° zum Fluoreszenzdetektor und Röntgenstrahl steht. Der Mikroreaktor enthält etwa 10 mg Katalysator in Pelletform (Korngröße: 125-250 µm), was einer Bettlänge von 15 mm und einer Raumgeschwindigkeit von ca. $150.000\,h^{-1}$ entspricht. Ein direkt unter dem Reaktor positionierter Heißluftofen ermöglicht das Einstellen der Versuchstemperatur. Die Temperatur wird über ein Ni/CrNi-Thermoelement an der Außenseite des Mikroreaktors aufgenommen. Die dosierten Gasmischungen werden über eine Druckminderungsstufe jeweils direkt aus Gasflaschen (AirLiquide) entnommen; der Volumenstrom im Mikroreaktor wird auf 30 ml/min eingestellt. Zur Entfernung möglicher adsorbierter Spezies (Konditionierung) wird die Probe im Stickstoffstrom bei 500 °C 30 min lang ausgeheizt und im Anschluss auf die Reaktionstemperatur von 250 °C abgekühlt. Die Proben werden einerseits unter Standard-SCR-

Bedingungen (500 ppm NO, 500 ppm $NH_3$, 5 Vol.-% $O_2$, Balance $N_2$), und andererseits in oxidierender ($O_2/N_2$, $NO/N_2$) und in reduzierender ($NH_3/N_2$) Gasmatrix untersucht.

Die Spektroskopie in diffuser Reflexion im ultravioletten und sichtbaren Bereich des Lichts (engl. DR-UV/VIS, diffuse reflection in ultraviolet and visible light) erlaubt es, $Fe^{3+}$-Spezies zu detektieren und die Größe der Fe-Oxo-Strukturen abzuschätzen. Die erhaltenen Absorptionsbanden entsprechen elektronischen Übergängen, die anhand der Molekülorbitaltheorie erklärt werden können. Diese sind (1) Liganden-Feldübergänge die zwischen den Metall-d-Orbitalen der $Fe^{3+}$-Kristalle entstehen, oder (2) ein Elektronen-übergang vom Liganden zum Metall. Dieser findet statt, wenn ein Elektron von einem reinen (nichtbindenden) Ligand-Orbital (hier: O(2p)) in ein unbesetztes, reines d-Orbital (Fe(3d)) angeregt wird, und wird als Liganden-Metall-Ladungswechseln (LMCT, engl.: ligand to metal charge transfer) bezeichnet [113, 114]. Für oktaedrische Fe-Oxo-Strukturen entsprechen die Banden einem Ladungsübergang vom $^2t_{1u}$- in das $^2t_{2g}$- und $^2e_g$-Niveau. Für die tetraedrische Symmetrie findet der Übergang vom $^1t_1$- und $^4t_2$- bzw. dem $^2e$-Niveau statt. Die d-d-Übergänge des $Fe^{3+}$-Ions aus dem Grundzustand $^6A_1$ in die vorhandenen Ligandenfelder sind spinverboten. Daher besitzen diese Banden eine um den Faktor 1000 geringere Intensität als die LMCT-Übergänge, so dass sie häufig zu vernachlässigen sind [113, 115].

Die DR-UV/VIS-Experimente werden im diffusen Reflexionsmodus an einem Zwei-Kanal-Spektrometer Cary Scan 100 (DRA-CA-301, Varian) durchgeführt. Die Scangeschwindigkeit beträgt 200 nm/min, wobei der Bereich von 200-800 nm mit einer Auflösung von 1 nm abgetastet wird. Zu Beginn wird mit Hilfe eines kalibrierten Standards (Spectralon SRS-99-010, Varian) eine Basislinie aufgenommen. An die Basis-Bestimmung schließen sich die Messungen der Proben an. Hierzu werden je 100 mg Pulver in einen runden PE-

Probenträger (Tiefe: 2 mm, Radius: 6 mm) eingebracht und mit einer Quarzglasscheibe fixiert. Zur Differenzierung der Fe-Spezies wird der reine H-BEA als Referenz verwendet. Die DR-UV/VIS-Spektren werden in der gängigen Transformation nach Kubelka und Munk als Funktion F(R) (Gl.(4-1)) dargestellt [116]. R ergibt sich als Quotient des Reflexionsvermögens der Probe (Fe/H-BEA) zu dem der Referenz (H-BEA).

$$F(R) = \frac{(1\text{-}R)^2}{2 \cdot R} \tag{4-1}$$

Die Auswertung der Spektren wird durch die Tatsache erschwert, dass sich sehr breite Banden ergeben, die sich in den meisten Fällen stark überlappen. In Folge dessen wird durch Dekonvolution der Spektren mittels Gausskurven versucht, eine geeignete Unterteilung der erhaltenen Banden zu erreichen. Die Dekonvolution wird mit der Software Origin 7.5 (OriginLab) durchgeführt. Hierbei wird ein Minimum an Sub-Banden verwendet und stets ein Bestimmtheitsmaß $R^2 > 0,99$ erreicht. Die Interpretation der Spektren erfolgt über den Vergleich der durch die Dekonvolution erhaltenen Positionen der Sub-Banden mit Literaturangaben. So finden Priutko et al. [117] bei Untersuchungen an verschiedenen oxidischen Matrizen die Banden für isolierte $Fe^{3+}$-Zentren unterhalb $\lambda < 300$ nm (187-234 nm tetraedrisch- und 244-305 nm oktaedrisch-koordiniert). Samanta et al. [118] detektieren die Elektronenübergange am $O^{2-}$-Anion bei 219 und 255 nm für tetra- bzw. oktaedrische Fe-Einheiten. Bei Alk et al. [119] werden die Maxima für in dünnen Schichten aufgetragenes amorphes $Fe_2O_3$ bei 477 nm gefunden.

Zur weiteren unabhängigen Untersuchung ausgewählter Proben wird die Mößbauer-Spektroskopie herangezogen. Damit wird die Struktur und Art der Fe-Katalysator-Zentren unter Verwendung einer intensiven, mono-chromatischen γ-Strahlung als Energiequelle untersucht. Die γ-Strahlung wird durch den natürlichen Zerfall des radioaktiven Isotops $^{57}Co$ mit einer Energie von 14,4 keV emittiert. Die Untersuchungen werden bei 78 K (-196 °C) und 295 K (20 °C) durchgeführt. Hierfür werden ein Spektrometer WissEl der Firma Electronics und ein CM-2201-Spektrometer vom Institut für Analytische Instrumente St. Petersburg verwendet. Zur Realisierung der benötigten geringen Energieunterschiede wird der Dopplereffekt genutzt; dieser wird erreicht, indem die emittierende Quelle mit einer definierten Geschwindigkeit von der Probe weg bzw. auf sie zu verschoben wird [120, 121]. Bei Proben mit magnetischer Feinaufspaltung beträgt diese Verschiebungs-geschwindigkeit $\pm 12$ mm/s, während bei den Proben ohne magnetische Feinaufspaltung die Quelle in den Grenzen von $-3,6$ bis $+3,6$ mm/s verschoben wird. Die erhaltenen Mößbauerspektren werden üblicherweise durch die Verwendung von Dupletts und/oder Sextetts über eine Lorentz-Funktion mit einem Bestimmtheitsmaß von $R^2 = 0,9\text{-}1,1$ angefittet. Für jede der gefitteten Absorptionsbanden lässt sich dann ein Parametersatz mit den drei Größen Isomerieverschiebung $\delta$, Quadropolaufspaltung $\Delta E_Q$ und magnetische Abspaltung H bestimmen. Die Isomerieverschiebung äußert sich im Spektrum als Verschiebung des Mittelpunkts gegenüber der Lage $v = 0$ mm/s. Wobei hier als Referenz die Werte einer $\alpha$-Fe-Folie verwendet werden. Diese Verschiebung resultiert aus elektrischen Wechselwirkungen in der s-Elektronenschale und erlaubt es, Aussagen über den Oxidationszustand und die Bindungseigenschaften zu treffen. Bei Spektren mit zwei Maxima („Dublett") ist der Abstand der beiden Linien auf die Quadropolaufspaltung zurückzuführen. Die Aufspaltung lässt sich aus dem Abstand der beiden äußeren Peaks ermitteln und liefert Informationen über die Verzerrung der Fe-Spezies. Liegt eine magnetische Aufspaltung vor, erhält man ein Spektrum mit sechs Linien („Sextett"), z.B. typisch für Hämatit. Bei den untersuchten Proben wird ausschließlich natürlich vorkommendes Fe bei der Präparation verwendet, wodurch die benötigte Messzeit deutlich über der bei Verwendung des Isotopes $^{57}$Fe liegt.

Als komplementäre Methode zur DR-UV/VIS- und Mößbauer-Spektroskopie wird zur Identifizierung der Art der Fe-Spezies und ihres Oxidationszustandes die Temperaturprogrammierte Reduktion mittels $H_2$ (HTPR) angewendet. Das erhaltene Reduktionsprofil stellt den Wasserstoffverbrauch als Funktion der Temperatur bzw. der Zeit dar und kann quantitativ ausgewertet werden. Dabei werden drei charakteristische Größen betrachtet. Die Anzahl von Signalen und deren Temperatur repräsentieren die Art und Anzahl der in der Probe enthaltenen Spezies. Weiterhin ist es möglich zu ermitteln, ob die Reduktion in einem oder mehreren Schritten verläuft. Der Wasserstoffverbrauch ergibt sich aus der Fläche unter der Kurve und wird als verbrauchtes Mol Wasserstoff pro Mol Metallatome ($H_2$/M) angegeben. Dabei wird die totale Reduktion gemäß $MO_n + n \cdot H_2 \rightarrow M + n \cdot H_2O$ angestrebt. Aus der Zusammensetzung der Probe und dem Wasserstoffverbrauch wird der Oxidationszustand bestimmt. Ist das Verhältnis kleiner als es sich aus der Berechnung der eingewogenen Probenmenge ergibt, so enthält das System einen nicht reduzierbaren Anteil. Mit einem Vergleich von Referenzproben, z.B. reine Phasen bzw. Oxide, mit den Katalysatorsystemen geben Veränderungen in der Lage und Form der Signale entsprechende Hinweise. Die zur HTPR-Analyse verwendeten Proben werden zur Entfernung adsorbierter Spezies konditioniert (30 min, 300 °C in Argon) und im Anschluss in einem reduktiven $H_2$/Ar-Gasgemisch in einem Reaktor von Raumtemperatur auf 900 °C mit einer konstanten Heizrate von 600 K/h aufgeheizt. Die dabei verwendete Gasmischung besteht aus 5 Vol.-% $H_2$ und 95 Vol.-% Ar. Der Gesamtfluss beträgt 100 ml/min. Die Detektion des $H_2$ erfolgt mittels eines Wärmeleitfähigkeitsdetektors (WLD, Shimazu). Die Temperaturen werden durch Ni/CrNi-Thermoelemente zentral vor und hinter der Probe aufgezeichnet. Bei der Reduktion entstehendes Wasser wird in einer Kühlfalle ausgefroren, diese wird von außen mit flüssigem Stickstoff gekühlt. Die Einwaage richtet sich nach dem Eisengehalt der Probe, wobei 7 mg Fe-

Äquivalente für reines $Fe_2O_3$ eingesetzt werden. Da eine große Probenbettlänge bei niedrigen Fe-Gehalten zu einem hohen Gegendruck führen würde, werden bei den Materialien mit geringem Eisengehalt 0,5 bis 1 Ma.-% bzw. 0,25 Ma.-% Einwaagen von 5 mg bzw. 3,5 mg bezogen auf den reinen Fe-Anteil verwendet.

## 4.2 Methoden der Gasphasenanalyse

Die quantitative Gasanalyse erfolgt mittels standardisierter Verfahren bzw. kommerzieller Analysengeräte.

Die Gase CO, $CO_2$, $N_2O$ und $NH_3$ werden mit Hilfe der Nicht-Dispersiven-Infrarotspektroskopie (NDIR) [122] gemessen. Ammoniak wird durch ein Analysengerät vom Typ Binos 1.1 (Leybold-Heraeus) erfasst. Der Messbereich reicht von 0-500 bzw. 0-5000 ppm. Fehler in der Analyse ergeben sich durch die Kalibration (Spezifikation Kalibriergas $\pm 2\,\%$) und Temperatur-schwankungen an der Messküvette (1 % pro 5 K). Letztere Abweichung kann auf Grund des klimatisierten Labors ausgeschlossen werden. Die Komponenten CO, $CO_2$ und $N_2O$ werden durch einen Uras 10E-Analysator (Hartmann & Braun) mit unterschiedlichen Messbereichen detektiert. Die erfassbaren Volumenanteile liegen für CO bei 0 - 5000 ppm bzw. 0 - 2 Vol.-%, für $N_2O$ bei 0 - 100 bzw. 0 - 500 ppm und für $CO_2$ bei 0 - 10 Vol.-%. Bei der NDIR-Analyse von $N_2O$ zeigt sich eine Querempfindlichkeit durch $CO_2$; 5 Vol.-% $CO_2$ bewirken eine $N_2O$-Signal-Verschiebung um 40 ppm. Dieser lineare Fehler muss bei der Auswertung des $N_2O$-Signales berücksichtigt werden.

Zur Erfassung des $O_2$-Gehalts wird dessen paramagnetische Eigenschaft genutzt und die Sauerstoff-Volumenanteile mit Hilfe einer Magnetomechanik-Einheit Oxynos (Leybold-Heraeus) registriert, der Messbereich reicht von 0–25 Vol.-%.

Die NO- und $NO_2$-Konzentration wird mit Hilfe eines Chemilumineszenz-Detektors CLD 700 EL-ht (EcoPhysics) erfasst, der NO und $NO_2$ in Anteilen von 0 - 1000 ppm messen kann [123]. Querempfindlichkeiten des NO- bzw. $NO_2$-Signals treten nur mit $NH_3$ auf, zu diesem Zweck wird die Gasmatrix durch eine Waschflasche mit konzentrierter Phosphorsäure geleitet und das enthaltene Ammoniak adsorbiert.

Als weitere Technik zur quantitativen Analyse der Gasspezies wird die Fourier-Transformations-Infrarotspektroskopie (FTIR) verwendet. Während bei dispersiven IR-Geräten jeder einzelne Messwert dem Transmissionswert zwischen Proben- und Referenzgaskammer ($N_2$) bei der zugehörigen Wellen-länge entspricht, enthält das Messsignal bei der FTIR-Technik (MULTIGAS-ANALYZER, MKS Instruments) zu jedem Zeitpunkt Informationen über das gesamte IR-Spektrum und ermöglicht dadurch die Detektion aller verwendeten IR-aktiven Gase ($NH_3$, NO, $NO_2$, $N_2O$, CO, $CO_2$, $H_2O$). Querempfindlichkeiten bestehen praktisch keine, da für jedes Gas, auf Grund unterschiedlicher Rotationsschwingungsspektren, eine spezifische Wellenzahl der sogenannte „Fingerprint" zur Analyse verwendet wird.

Zur Durchführung von SSITKA-Experimenten (engl. steady-state-isotopic-transient-kinetic-analysis), bei denen Isotopen-markierte Gase (z.B. $^{15}NH_3$, $^{15}N^{14}N$, $^{15}NO$) dosiert bzw. analysiert werden, wird ein Chemisch Ionisierendes Massenspektrometer (CIMS, Airsense 500, V & F) eingesetzt. Bei der chemischen Ionisation werden die Probenmoleküle im Gegensatz zur energie-reichen Elektronenstoß-Ionisation auf schonende Weise mit sogenannten Quellgasionen ($Hg^+$, $Kr^+$ und $Xe^+$) ionisiert [124] (Anhang, Tabelle 10-1). Als Trennfeld kommt ein Quadrupol-System zum Einsatz. Zur Detektion wird ein Sekundärelektronenvervielfacher (SEV) verwendet. Mögliche Fehler ergeben sich durch ein Drift-Verhalten, welches mehrere Ursachen haben kann, z.B. zeitlich veränderbare Emission von Elektronen aus dem Filament und eine sich damit zeitlich ändernde Ionenausbeute. Weitere Gründe für eine Signaldrift werden durch Verdampfen oder Korrosion des Filament-Materials hervorgerufen. Querempfindlichkeiten ergeben sich bei gleichen Massen z.B. $CO_2$ (44 m/z) und $N_2O$ (44 m/z). Des Weiteren können Signal-Verfälschungen bei hohen Konzentrationen und sehr geringen Massendifferenzen z.B. $^{14}N_2$ (28 m/z) und $^{15}N^{14}N$ (29 m/z)) auftreten.

# 5 Experimenteller Teil

## 5.1 Präparation und Charakterisierung der Katalysatoren

Zur Herstellung der Katalysatoren wird ein kommerzielles BEA-Zeolith-Pulver (SüdChemie AG, München) in der H-Form als Träger verwendet. Die Struktur und das Kanalsystem des BEA-Zeolith sind im Anhang Abbildung 10-1 am Beispiel einer Einheitszelle dargestellt. Die H-Form eignet sich besonders, da hier nur geringste Verunreinigungen, z.B. an Natrium oder Ammoniumnitrat, aus dem Herstellungsprozess enthalten sind. Diese Verunreinigungen könnten zu ungewollten Nebenreaktionen bei den Experimenten führen.

Die Beschichtung mit der Aktivkomponente Eisenoxid erfolgt nach der sogenannten Incipient-Wetness-Methode (IW-Methode), d.h. einer Tränkung ohne Lösungsmittel-Überschuss. Vor der eigentlichen Imprägnierung wird in Versuchen die $H_2O$-Aufnahmefähigkeit der H-BEA-Zeolithe bestimmt. Hierfür wird 1 g Pulver mit destilliertem Wasser beträufelt, bis der Zeolith sichtbar kein Wasser mehr aufnimmt. Aus der verbrauchten Menge an Wasser und der Probeneinwaage an H-BEA ergibt sich die Wasseraufnahmefähigkeit in [g Wasser/g Zeolith] (Tabelle 5-1).

Des Weiteren sollten die eingesetzten Salze bei Raumtemperatur thermodynamisch stabil, ungiftig und nicht explosiv sein. Zudem sollten die Vorstufen bei einer Temperatur unterhalb 500 °C in das katalytisch aktive Oxid überführt werden können, um thermische Alterung des Trägermaterials zu verhindern. Nachdem mit Hilfe entsprechender Stoffdaten sechs Salze ausgewählt wurden, werden alle Salze mittels Thermogravimetrie analysiert, um den Kristallwassergehalt zu bestimmen und die Zersetzungs-temperatur zu ermitteln (Anhang, Tabelle 10-2).

**Tabelle 5-1:** Wasseraufnahmekapazität der verwendeten Zeolithträger.

| Bezeichnung | Molares Si/Al-Verhältnis | Wasseraufnahmefähigkeit (g $H_2O$/g Zeolith) |
|---|---|---|
| H-BEA-25 (SüdChemie) | 12,5 | 1,30 |
| H-BEA-50 (SüdChemie) | 25 | 1,25 |
| H-BEA-150 (SüdChemie) | 75 | 1,10 |

Die genaue Kenntnis des Wassergehaltes ist wichtig, da bei der gewählten Herstellungsmethode die Menge des in den Katalysator eingebrachten Eisens durch die Einwaage der Fe-Vorstufe bestimmt und somit beispielsweise durch Kristallwasser verfälscht wird. Ziel ist es, die Trägermaterialien mit dem Katalysator zu imprägnieren und keinen Ionenaustausch durchzuführen, dieses Verfahren würde einen Überschuss an Lösungsmittel benötigen [77]. Im nächsten Schritt wird die Eisensalzlösung angesetzt, um im Anschluss mit dem Zeolith-Pulver vermengt zu werden. Eisen(III)nitrat ($Fe(NO_3)_3 \cdot 9H_2O$) zeigte sich in einer Untersuchung  an mit Eisen imprägnierten H-BEA-Katalysatoren bezüglich der Umsetzung an $NO_x$ als eine vielversprechende Eisenvorstufe [125]. Der im Katalysator einzustellende Eisengehalt wird über die gelöste Menge an Eisensalz bestimmt.

Zur Herstellung einer Katalysatorcharge werden 5 g Zeolith und die benötigte Wassermenge nach Tabelle 5-1 eingesetzt, hierbei ist das im Eisennitrat vorhandene Wasser zu berücksichtigen. Nach der Tränkung der Zeolithe werden diese bei 105 °C 12 h lang getrocknet und anschließend 3 h bei 450 °C an Luft kalziniert. Dieser Prozess dient dem Überführen der Nitrate (Zersetzungstemperatur $Fe(NO_3)_3$ : 360 °C) in das für die Anwendung aktive

Oxid ($Fe_xO_y$). Die Nomenklatur der Katalysatoren erfolgt nach ihrem Träger-system (H-BEA), dem der jeweilige Eisengehalt in Fe-Gewichtsprozent vorangestellt wird, z.B. 1Fe/H-BEA (Tabelle 5-2). Zur Kennzeichnung der Imprägnierung mit der $Fe(NO_3)_3$-Lösung werde die beiden Komponenten Eisen und H-BEA durch den Schrägstrich getrennt, im Gegensatz zum ionenausgetauschten Katalysator hier erfolgt die Kennzeichnung durch den Bindestrich. Der zumeist eingesetzte BEA-Träger verfügt über ein molares Si/Al-Verhältnis von 12,5 welches im Probencode nicht explizit aufgezeigt wird. Davon abweichende Änderungen des Si/Al-Verhältnisses werden aber der Trägerbezeichnung nachgestellt, z.B. Fe/H-BEA-25 oder Fe/H-BEA-75.

**Tabelle 5-2:** Präparierte Katalysatoren, die verwendete Eisennitrat- und Wassermenge für 5 g Zeolith sowie die ermittelten Fe-Massengehalte.

| Bezeichnung | m ($Fe(NO_3)_3 \cdot 9H_2O$/ mg | m ($H_2O$) / mg | m (H-BEA) / mg |
|---|---|---|---|
| 0,1Fe/H-BEA | 36 | 6485 | 5000 |
| 0,25Fe/H-BEA | 97 | 6460 | 5000 |
| 0,5Fe/H-BEA | 180 | 6427 | 5000 |
| 0,75Fe/H-BEA | 271 | 6391 | 5000 |
| 1Fe/H-BEA | 361 | 6354 | 5000 |
| 1,5Fe/H-BEA | 542 | 6282 | 5000 |
| 2Fe/H-BEA | 722 | 6209 | 5000 |
| 10Fe/H-BEA | 3614 | 5049 | 5000 |

Die zur Minderung auftretender Aktivitätsverluste in Folge hydrothermaler Alterung einsetzbaren Promotoren werden ebenfalls mit Hilfe von Salzlösungen durch die zuvor beschriebene Incipient-Wetness-Methode auf die Trägermaterialien aufgebracht. Hierbei werden zwei Variationen erprobt, nämlich das schrittweise Imprägnieren und die simultane Imprägnierung. Beim ersten Verfahren wird in einem ersten Schritt das Fe-Salz aufgebracht, der

Katalysator getrocknet, kalziniert, und im zweiten Schritt werden die Promotorsalze aufgetragen und erneut konditioniert. Bei der alternativen Vorgehensweise werden das Fe- und Promotorsalz gleichzeitig in der erforderlichen Wassermenge gelöst und simultan auf den H-BEA-Träger aufgebracht. Eine Auflistung der verwendeten Promotoren-Salze kann im Anhang Tabelle 10-3 entnommen werden, die Promotorgehalte werden von 0 - 10 Ma.-% variiert.

Mit Hinblick auf eine Anwendung in der Praxis werden die Katalysatoren bezüglich ihrer Übertragbarkeit auf ein kommerziell erhältliches Wabenkörper-systeme hin untersucht. Zur Analyse der Aktivität an keramischen Trägern im Labor kommen Bohrkerne aus Cordierit-Wabenkörpern (Zelldichte 300 cpsi, ohne $Al_2O_3$-Grundierung) zum Einsatz. Um den Einfluss einer zumeist auf den Trägern vorhandenen Grundierung zu validieren, werden Substrate ohne und mit $Al_2O_3$-Beschichtung verwendet. Die Wabenkörper werden 12 h lang bei 105 °C getrocknet und ihre Masse ohne Restfeuchtigkeit bestimmt. Zum Beschichten der monolithischen Wabenkörper wird die benötigte Menge an reinem Zeolith durch Mahlen in einer Kugelmühle auf eine Korngröße von d50 = 5,4 µm zerkleinert. Die Größenverteilung wird mit Hilfe eines Partikelgrößenmessgerätes (Beckman Coulter LS 13-320) bestimmt, typische Partikelgrößenverteilungen für das H-BEA-Pulver und den gemahlenen H-BEA zeigt Abbildung 6-37 im Abschnitt 6.5. Im Anschluss an die mechanische Bearbeitung erfolgt die Imprägnierung mittels IW-Methode, hierfür werden 10 g des gemahlenen Pulvers verwendet. Nach dem Trocknen und Kalzinieren werden Pulver und destilliertes Wasser (mZeolith/mWasser = 0,1) unter ständigem Rühren in einem Becherglas (250 ml) zu einer Suspension vermischt. Die Bohrkerne werden durch mehrmaliges Eintauchen in die Suspension und Trocknen bei 105 °C beladen (ca. 15-mal). Durch Ausblasen der Kanäle mit Druckluft im Anschluss an die Tränkung wird das Verstopfen der Kanäle verhindert. Die Beladung errechnet sich als Quotient aus der Massenzunahme (Masse – Trockenmasse) und dem Katalysatorvolumen; hierfür werden die Bohrkerne vereinfacht als Zylinder der Länge l und des Durchmessers d betrachtet. Die resultierenden Katalysatorsysteme werden analog den zuvor beschriebenen Pulverbeschichtungen als Fe/H-BEA bezeichnet, wobei der jeweilige Katalysator Fe-Massengehalt vorangestellt ist, gefolgt von der aufgebrachten Beladungsmengen in g/l in Klammern. In Tabelle 5-3 sind die unterschiedlichen Beschichtungssysteme, ihre Beladung und Zelldichte aufgelistet.

**Tabelle 5-3:** Präparierte Wabenkörpersysteme (d = 22 mm, l = 28,5 mm) und ihre Katalysatorbeladung.

| Bezeichnung | Grundierung | Beladung/ $g_{Fe}$/Kat | Fe-Masse/ mg | Zelldichte/ cpsi |
|---|---|---|---|---|
| 1Fe(87)/H-BEA | ---- | 87 | 46 | 400 |
| 1Fe(97)/H-BEA a | ---- | 97 | 1455 | 300 |
| 1Fe(82)/H-BEA | $Al_2O_3$ (100g/l) | 82 | 43 | 400 |
| 1Fe(120)/H-BEA | $Al_2O_3$ (100g/l) | 120 | 65 | 400 |

Maße und Zelldichte geändert für Motorenprüfstand (51 x 76,2 mm)

Als Referenzmaterialen dienen kommerziell verfügbare Katalysatorsysteme. Zum Einen wird ein $V_2O_5$/$TiO_2$/$WO_3$-Vollkatalysator mit einem Gehalt von 16 Ma.-% Titan, 7,7 Ma.-% Wolfram und 0,6 Ma.-% Vanadium verwendet, zum Anderen kommt ein gekaufter mit Eisen-Ionen ausgetauschter BEA-Zeolith (ZeochemPB, Zeochem AG) zum Einsatz. Der Zeolith wird in der Grundform Natrium-BEA (Na-BEA) hergestellt und einem Ionenaustausch unterzogen. Der Fe-BEA-Zeolith besitzt einen Fe-Massengehalt von 1,6 Ma.-% Eisen, was bei einem molaren Si/Al-Verhältnis von 14 etwa einem Ionenaustauschgrad von 100 % entspricht. Zur Untersuchung von Pulverproben werden dem Vanadium-oxidhaltigen Vollextrudat Stücke entnommen. Diese werden gemahlen, granuliert (Pressagglomeration, 40 MPa, 2 min) und auf die Körnung 125-250 µm fraktioniert. Als Referenz für die beschichteten Wabenkörpersysteme werden dem Vanadiumoxidhaltigen Vollkeramikkatalysator (Zelldichte 300 cpsi) passende Bohrkerne (d = 22 mm, l = 28,5 mm) entnommen. Die auf Zeolith basierende Referenz wird als Pulver erworben und ebenfalls gepresst, granuliert und fraktioniert.

## 5.2 Durchführung der Untersuchungen zur SCR-Aktivität

Zur Bewertung der SCR-Aktivität der Katalysatoren werden diese an einer Laborapparatur in synthetischem Diesel-Modellabgas untersucht. Die Anlage besteht im Wesentlichen aus den vier Funktionsbereichen Eduktdosierung, Reaktoreinheit, Analytik und Anlagensteuerung (Abbildung 5-1). Durch den Austausch der Reaktoreinheit lassen sich sowohl Pulver- als auch Waben-körper-Systeme analysieren.

Als Reaktionsgasmischung wird ein synthetisches Abgas verwendet, welches durch Mischen der einzelnen Komponenten aus Vorratsbehältern (AirLiquide) bereitgestellt wird. Zur unabhängigen Regelung der Gasströme dienen thermische Massendurchflussregler (MKS Instruments). Über zwei auf 150 °C beheizte und ca. 1 m lange Edelstahlleitungen, Innendurchmesser $d_i$ = 4 mm, werden die einzelnen Gasmischungen zum Reaktor geführt und erst unmittelbar vor dem Reaktoreingang zusammengeführt. Die erste Leitung dient der Dosierung von $N_2$, $NH_3$, $NO$, $CO$ und $CO_2$. Durch die zweite Leitung erfolgt die Bereitstellung von $O_2$ und $N_2$. Diese Art der Gasführung verhindert für den Fall der Standard-SCR-Reaktion im Zuleitungssystem die Oxidation von $NO$ durch $O_2$. Der Anteil an gebildetem $NO_2$ liegt unter 5 Vol.-% bzgl. der dosierten Gesamtstoffmenge an Stickstoffoxiden. Optional kann Wasserdampf durch die katalytische Umsetzung von $H_2$ und $O_2$ an einem in der zweiten Leitung platzierten mit Platin beschichteten Waben-Katalysator (Pt-Beladung 90 g/ft3, Zelldichte 300 cpsi, d = 22mm, l = 50 mm) erzeugt werden.

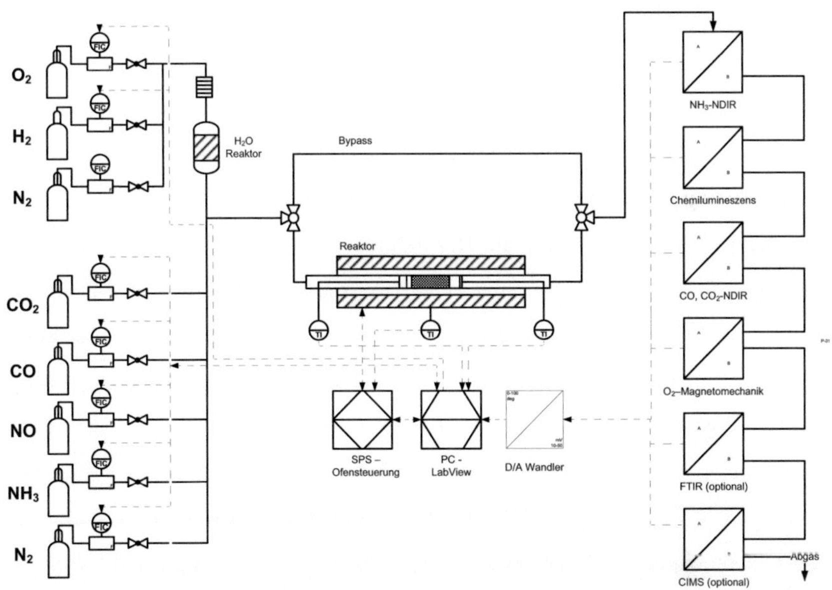


**Abbildung 5-1:** Schematische Darstellung der Laborapparatur für die SCR-Untersuchungen.

Zur Variation des $NO_2$-Anteils („schnelle-SCR-Reaktion") kann der NO-Gasstrom vor Eintritt in die erste Gasleitung entkoppelt werden und ebenfalls über die zweite Gasleitung geführt werden, um am vorhandenen mit Platin beschichteten Wabenkörper oxidiert zu werden. Das gewünschte molare $NO/NO_2$-Verhältnis wird über die Temperatur des Pt-Katalysators eingestellt (Abbildung 10-2, Anhang). Hinter der Reaktoreinheit befinden sich die in Reihe geschalteten Analysengeräte. Alle Analysengeräte sowie die Bypass-Ventile und die Reaktortemperatursteuerung werden über die Software LabView 7.1 (National Instruments, Nashville) angesteuert und ausgelesen.

## 5.2.1 SCR-Messungen von Pulver- und Wabenkörper-Katalysatoren

Die Messungen an Katalysatorpulvern werden in einem Quarzglasreaktor (di = 8 mm, l = 700mm) durchgeführt, in den das katalytisch aktive Material als Granulat mittig eingebracht wird. Aktivitätsmessungen an Wabenkörpern werden in einem Quarzglasreaktor mit dem Durchmesser di = 24 mm und einer Länge l = 750 mm durchgeführt. Bei den monolithischen Mustern wird auf Grund der höheren Strömungsgeschwindigkeit eine etwas längere Vorheizstrecke benötigt, so dass die Katalysatoren etwa im zweiten Drittel des Reaktors stromabwärts platziert werden. Bei beiden Versuchsaufbauten wird darauf geachtet, dass die Differenz zwischen der Katalysator-Eingangs- und Ausgangstemperatur (Tein, Taus) unterhalb von 10 K liegt. Dabei ist zumindest bei den Pulver-Experimenten die Annahme des idealen Strömungsrohres sowohl für das Leerrohr als auch die Festbettschüttung, wie durch die Berechnung der Bodenstein-Zahl Bo im Anhang Tabelle 10-2 gezeigt werden kann, gerechtfertigt (Bo > 100). Im Falle des größeren Reaktorquerschnittes für die Untersuchungen an den Wabenkatalysatoren ergeben sich für die Bo-Zahl Werte von 15-25. Hier ist die Annahme des idealen Strömungsrohrs nicht mehr treffend. Die Beheizung der Reaktoren erfolgt über einen Ofen mit Widerstandsheizung (Horst, Lorsch). Der Bypass erlaubt es, die Gasmischung direkt in die Analytik zu leiten, um die Anfangsstoffmengen der zu dosierenden Gase einzustellen. Über Ni/CrNi-Thermoelemente werden die Temperaturen jeweils mittig im Reaktor etwa 2 mm vor und hinter dem Katalysator ermittelt. Alle Gasleitungen bestehen aus Edelstahl (di = 4 mm) und werden ebenfalls auf 150 °C beheizt. Hierdurch wird die Bildung von Ammoniumnitrat bzw. die Kondensation von Wasserdampf verhindert.

Um bei den Pulver-Untersuchungen einen Austrag an Katalysatormaterial zu vermeiden und einen möglichst geringen Gegendruck zu realisieren, werden die

Katalysator-Pulver zu Beginn der Experimente granuliert. Dabei wird das Pulver in einer Standpresse zwei Minuten lang einem Druck von 40 MPa ausgesetzt und anschließend mit entsprechenden Sieben auf die Größe 125 bis 250 μm fraktioniert. Eine Änderung in der Struktur bzw. der BET-Oberfläche kann nicht festgestellt werden. Das Granulat wird in Form einer Festbettschüttung in den oben beschriebenen Quarzglasreaktor eingebracht und mittels Quarzwolle vor und hinter der Schüttung gegen Austrag gesichert.

Da die zeolithischen Materialen in Voruntersuchungen eine hohe $NH_3$-Speicherfähigkeit zeigen, 100 μmol $NH_3$/g Zeolith bei 250 °C, werden für die SCR-Messungen lediglich 200 mg Katalysator eingesetzt. Hierdurch wird zum Einen die $NH_3$-Speicherfähigkeit herabgesetzt, und zum Anderen die Zeitspanne zum Erreichen des für die Auswertung jeweils herangezogenen stationären Zustands verringert.

Die Wabenkörper-Untersuchungen werden an Monolithen (d = 22 mm und l = 28,5 mm, Cordierit, 300 cpsi) durchgeführt. Die Referenzmuster werden kommerziell verfügbaren Keramik-Extrudaten ($V_2O_5$/$WO_3$/$TiO_2$) entnommen (siehe Abschnitt 5.1).

Zu Beginn jeder Untersuchung werden die Katalysatoren zur Desorption eventuell auf der Oberfläche befindlicher Spezies auf 500 °C erhitzt und 30 min lang mit Stickstoff überströmt. Im Anschluss an diese Konditionierung, durch die reproduzierbare Versuchsbedingungen garantiert werden, wird ein zuvor eingestelltes Gasgemisch in den Reaktor geleitet. Die SCR-Untersuchungen werden bei 500 °C begonnen, und anschließend wird in Schritten von 50 K bis auf 150 °C abgekühlt. Die nachfolgende Temperaturstufe wird etwa 15 min nach Erreichen eines stationären Betriebspunktes eingestellt. Die Durchführung der Versuche zur Oxidationsfähigkeit der Katalysatoren bezüglich der Gaskomponenten NO und $NH_3$ verläuft analog den oben genannten SCR-

Untersuchungen. Die Zusammensetzung der Gasmischungen für die unterschiedlichen Messbedingungen sind in Tabelle 5-4 aufgeführt.

**Tabelle 5-4:** Bezeichnung und Volumenanteile der Gasspezies für die SCR- und Oxidations-Untersuchungen.

| Experiment | $(NO)$ / ppm | $(NO_2)$ / ppm | $(NH_3)$ / ppm | $(CO)$ / ppm | $(O_2)$ / Vol.-% | $(CO_2)$ / Vol.-% | $(H_2O)$ / Vol.-% | Balance |
|---|---|---|---|---|---|---|---|---|
| Standard-SCR | 500 | — | 500 | — | 5 | — | — | $N_2$ |
| "Schnelle"-SCR | 250 | 250 | 500 | — | 5 | — | — | $N_2$ |
| "Reale"-SCR | 500 | — | 500 | 1000 | 5 | 5 | 5 | $N_2$ |
| SSITKA-SCR | 500 | — | 500 | — | 5 | — | — | Ar |
| $NO_x$-Oxidation | 500 | — | — | — | 5 | — | — | $N_2$ |
| $NH_3$-Oxidation | — | 500 | — | — | 5 | — | — | $N_2$ |

Die Raumgeschwindigkeit (RG) bezogen auf Standardbedingungen bezüglich Temperatur und Druck (STP) beträgt sowohl bei den Pulver- als auch bei den Wabenkörperuntersuchungen etwa $50.000\,\text{h}^{-1}$, entsprechend einem Gesamtvolumenstrom von 500 ml/min für die Pulver-Katalysatoren bzw. 6000 ml/min bei den Wabenkörper-Proben.

## 5.2.2 Auswertung und Beurteilung der Messdaten

Zur Beurteilung der Ergebnisse der SCR-Messungen werden der Umsatz an $NO_x$ ($U(NO_x)$) und $NH_3$ ($U(NH_3)$) sowie die Selektivität an $N_2O$ ($S(N_2O)$) herangezogen, die gemäß folgender Gleichungen definiert sind:

$$U(i) = \frac{c(i)_{ein} - c(i)_{aus}}{c(i)_{ein}} \qquad i = NO_x; NH_3 \tag{5-1}$$

48

$$S(N_2O) = \frac{2 \cdot c(N_2O)_{aus}}{c(NO_x)_{ein} - c(NO_x)_{aus}} \qquad (5\text{-}2)$$

Als weiteres Kriterium zur Charakterisierung der jeweiligen Katalysator-Aktivität dient das Zulaufverhältnis $\alpha$, welches definiert ist als die eingesetzte Konzentration an $NH_3$ bezogen auf die zu reduzierende Konzentration an $NO_x$, Gleichung (5-3).

$$\alpha = \frac{c_{NH_3,ein}}{c_{NO_x,ein}} \qquad (5\text{-}3)$$

Als Maß für die Kontaktzeit der Volumenelemente mit dem Katalysator dient die Raumgeschwindigkeit. Sie ist definiert als das Verhältnis von Abgas-volumenstrom zu Katalysatorvolumen, Gleichung (5-4). Der Abgasvolumen-strom wird auf Standard-bedingungen (STP) bezogen.

$$RG = \frac{\dot{V}_{Abgas,STP}}{V_{Katalysator}} \quad \left[h^{-1}\right] \qquad (5\text{-}4)$$

Eine weitere Größe, die die Beurteilung der Effektivität der insgesamt vorliegenden aktiven Zentren der Katalysatoren erlaubt, ist die scheinbare „Turnover Frequency" (TOF). Sie gibt die Menge an umgesetzter Spezies in Bezug auf die aktive Katalysator-Komponente an und setzt voraus, dass alle Zentren für das Gas zugänglich sind. Der TOF-Wert berechnet sich aus der umgesetzten Stoffmenge an $NO_x$, dem Gesamtvolumenstrom $\dot{V}$, dem Mol-volumen (STP), der Katalysatormasse $m_{ges}$, dem Massenanteil der Aktivkomponente $m_{akt}$ (Fe oder V) und der Molmasse M des Eisens bzw. Vanadiums gemäß Gleichung (5-5).

$$TOF = \frac{Volumenanteil_{Spezie\ i}(ppm) \cdot \dot{V}_{ges}\left(\frac{ml}{s}\right)}{24000\left(\frac{ml}{mol}\right) \cdot \dfrac{m_{ges}(g) \cdot \dfrac{m_{akt}(\%)}{100}}{M_{Fe,V}\left(\frac{g}{mol}\right)}} \quad \left[s^{-1}\right] \qquad (5\text{-}5)$$

Das Kriterium von Monti und Baiker [126] erlaubt es, die Wahl der verwendeten Versuchsparameter bei der temperaturprogrammierten Reduktion zu überprüfen (Abschnitt 4.1). Das Kriterium beruht auf Messungen zur temperaturprogrammierten Reduktion von NiO. Die Autoren definieren eine Kennzahl KMB (Gleichung (5-6)) mit deren Hilfe die Wahl der experimentellen Parameter in Hinblick auf die Aussagekraft (Tabelle 5-5) überprüft werden kann:

$$KMB = \frac{S_0}{V \cdot c_0} \tag{5-6}$$

**Tabelle 5-5** : Monti-Baiker-Kriterium und Bedingungen für die HTPR-Experimente.

| Katalysator | Monti-Baiker Kriterium | Einwaage Fe mg | Volumenstrom ml/min | $H_2$ Vol.-% |
|---|---|---|---|---|
| 0,25Fe/H-BEA | 34 | 3,5 | 100 | 5 |
| 0,5Fe/H-BEA | 25 | 2,6 | 100 | 5 |
| 1Fe/H-BEA | 49 | 5,0 | 100 | 5 |
| 2Fe/H-BEA | 67 | 6,9 | 100 | 5 |
| 10Fe/H-BEA | 86 | 8,9 | 100 | 5 |
| Fe-BEA | 95 | 9,9 | 100 | 5 |
| $\alpha$-$Fe_2O_3$ | 68 | 7 | 100 | 5 |

Hierbei ist $S_0$ die Menge an reduzierbarer Substanz in mol, V der Gesamtvolumenstrom in ml/s und $c_0$ die anfängliche Wasserstoffkonzentration. Für Heizraten zwischen 0,1 und 0,3 K/s sollte KMB zwischen 55 und 140 s liegen. Dann ist gewährleistet, dass der $H_2$-Verbrauch einerseits hoch genug ist, um detektierbar zu sein, andererseits aber stets ein ausreichender $H_2$-Partialdruck als Triebkraft der Reaktion erhalten bleibt.

## 5.2.3 Untersuchungen am Motorprüfstand

Zur praxisnahen Einschätzung der SCR-Aktivität eines ausgewählten Fe/H-BEA-Katalysators werden Untersuchungen an einem Motorenprüfstand durchgeführt. Bei den Tests kommt ein Motor der Firma Liebherr (Typ 934s, Leistung 115 kW) zum Einsatz, der mit einem dem SCR-Katalysator vorgeschalteten Diesel-Oxidationskatalysator ausgestattet ist. Im Anschluss an die DOC-Einheit befindet sich eine Dosiereinheit für die wässrige Harnstoff-Lösung (HWL, „AdBlue"). Diese besteht aus einem Steuergerät (Johnson-Matthey/HJS), einer Pumpe (UDS 2.5, Grundfos), einer Dosierdüse (Fleetguard) und einem $NO_x$-Sensor (Smart-Sensor, Siemens/NGK).

Als Katalysator kommt ein nach der in Abschnitt 5.1 beschriebenen Vorgehensweise beschichteter 1Fe(97)/H-BEA-Wabenkörper zum Einsatz. Der aus Cordierit bestehende Wabenkörper mit einer Zelldichte von 300 cpsi und einem Volumen von 0,15 l besitzt eine Katalysatorbeladung von 97 g/l Fe. Parallel zu diesem Forschungsmuster, wird im selben Abgasstrang ein Wabenkörper aus Cordierit ohne $Al_2O_3$-Grundierung (Volumen 2,5 l) mit einer Zelldichte von 400 cpsi, auf den eine kommerzielle $V_2O_5/WO_3/TiO_2$-Beschichtung aufgebracht ist, implementiert. Zur Beschichtung selbst sind keine weiteren Angaben bekannt.

Die Raumgeschwindigkeiten bei diesem Experiment liegen je nach Versuchsbedingungen zwischen $50.000\,h^{-1}$ bei 200 °C und $75.000\,h^{-1}$ bei 450 °C, die genauen Angaben bezüglich Temperatur, Raumgeschwindigkeit und $NO_x$-Konzentration finden sich in Tabelle 5-6.

Der in eigener Herstellung präparierte Katalysator ein deutlich kleineres Volumen aufweist, wird dem Abgasvolumenstrom über ein angeflanschtes T-Stück ein definierter Teilstrom in der Art abgezweigt, dass die Raumgeschwindigkeit an beiden SCR-Katalysatoren gleich groß ist. Zur Analyse von

$NO_x$ wird ein Chemilumineszenzdetektor (MEXA 1170 NX, Horiba) verwendet, außerdem kommt ein Multikomponentengerät (AMA 2000, Pierburg) für die Komponenten CO, $CO_2$ und HC (NDIR-Technik bzw. Flammenionisations-detektion, FID) zum Einsatz.

**Tabelle 5-6:** Gemessene Parameter aus dem Prüfstandsversuch mit realem Motor.

| T / °C | RG / $h^{-1}$ | Vol.-Anteil $(NO_x)$ [a] / ppm | $NO_x$-Verhältnis $c(NO_2)/c(NO_x)$ [b] |
|---|---|---|---|
| 200 | 53.500 | 410 | 0.13 |
| 250 | 55.000 | 565 | 0.28 |
| 275 | 56.000 | 645 | 0.35 |
| 300 | 58.000 | 690 | 0.44 |
| 325 | 60.000 | 675 | 0.53 |
| 350 | 62.500 | 700 | 0.55 |
| 375 | 63.500 | 715 | 0.51 |
| 400 | 66.000 | 740 | 0.39 |
| 425 | 67.500 | 750 | 0.38 |
| 450 | 70.500 | 825 | 0.30 |

a.)$NO_x$-Rohemissionen des Motors

b.)$NO_2/NO_x$-Verhältnis hängt von der DOC-Aktivität ab, die Raumgeschwindigkeit am DOC variiert von 100.000 bis 150.000 $h^{-1}$

Die relevanten Parameter für Emission, Temperatur und Druck werden an definierten Stellen ($M_1$ bis $M_5$, Abbildung 5-2) gemessen. Hierbei entsprechen die Werte an Position $M_1$ den Motorrohemissionen, $M_2$ und $M_4$ den Emissionen vor und $M_3$ bzw. $M_5$ denen nach den SCR-Katalysatoren. Die jeweiligen Temperaturen werden über Ni/CrNi-Thermoelemente ermittelt und durch Änderung der Motorbetriebspunkte eingestellt.

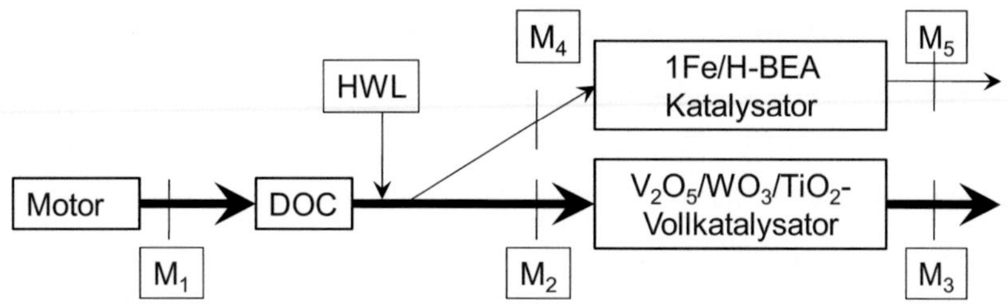

**Abbildung 5-2:** Schematischer Aufbau des Motorprüfstandversuchs.


## 5.3 Hydrothermale- und SO$_2$-Alterung


Um Alterungseinflüsse möglichst realistisch nachzustellen, durchlaufen die effektivsten Katalysator-Pulver eine hydrothermale Alterung und im Falle des für den Motorprüfstand ausgewählten Katalysators zusätzlich eine SO$_2$-Alterung. Die Alterung wird an einer speziellen Anlage, bestehend aus Dosiereinheit und einem Ofen (Heraeus), durchgeführt. Bei der hydrothermalen Alterung werden die Katalysatorpulver vor dem Granulieren in einem Keramik-Schiffchen (Einwaage: 5 g) mittig im Quarzglas-Reaktor platziert. Der Reaktor (l = 750 mm, di = 22 mm) wird während der 24 h andauernden hydrothermalen Alterung kontinuierlich mit einer Luft/Wasserdampf-Atmosphäre (78 Vol.-% N$_2$, 12 Vol.-% O$_2$ und 10 Vol.-% H$_2$O) durchströmt; der Gesamtvolumenstrom beträgt 1000 ml/min (STP). Als Alterungs-temperaturen werden 550 °C als die zulässige Spezifikation für Vanadiumhaltige Katalysatoren bzw. 800 °C als mögliche Abgastemperatur bei einer unkontrollierten DPF-Regeneration, bei der ein SCR-Katalysator der DPF-Einheit nachgeschaltet wäre, eingestellt. Wasserdampf wird analog des Prüfaufbaus zur Untersuchung an Pulver-Katalysatoren durch Oxidation von H$_2$ mit O$_2$ an einem auf 250 °C temperierten Platinkatalysator (400 cpsi, 90 g/ft$^3$) erzeugt (siehe Abschnitt 5.2.1).

Die SO$_2$-Alterung wird bei 300 °C in einer Gasmatrix bestehend aus 10 ppm SO$_2$ und 10 Vol.-% O$_2$ in Stickstoff durchgeführt. Das zu alternde Katalysatorpulver wird hierbei im Gegensatz zur hydrothermalen Alterung als Festbettschüttung im Reaktor platziert. Bei der über 48 h andauernden Alterung dient N$_2$ als Trägergas, und der Volumenstrom beläuft sich auf 1000 ml/min (STP). Die Temperatur wird über Ni/CrNi-Thermoelemente, die mittig im Reaktor platziert sind, geregelt. Die Gase werden mittels thermischem Durchflussregler (MKS Instruments, München) dosiert.

## 5.4 SSITKA-Experimente

Die SSITKA-Versuche (engl., steady state isotopic transient kinetic analysis) werden in Abschnitt. 5.2.1 in der oben beschriebenen Laborapparatur im Reaktor für Pulverexperimente durchgeführt. Im Gegensatz zu den Aktivitätsmessungen dient hier Argon als Trägergas (500 ml/min) und ermöglicht so die N$_2$-Analyse. Das chemisch-ionisierende Massenspektrometer dient zur Identifizierung und Quantifizierung der erwarteten Spezies $^{14}$N$^{14}$N, $^{14}$N$^{15}$N, $^{14}$N$^{14}$NO und $^{15}$N$^{14}$NO. Hierbei wird zur Kalibrierung die Annahme getroffen, dass die isotopen-markierten Spezies (E$_{ion}$ = $^{14}$N$^{15}$N, $^{14}$N$^{15}$NO) sich wohl in ihrer Masse aber nicht in ihren chemischen Eigenschaften von den Spezies $^{14}$N$^{14}$N und $^{14}$N$^{14}$NO unterscheiden und somit die Ionisierungsenergie in der gleichen Größenordnung liegt. Des Weiteren wird durch den Einsatz von 3 Ionisierungsgasen ein breites Spektrum von etwa 10 bis ca. 18 eV abgedeckt. Nach der Konditionierung (500 °C, 30 min) wird die Temperatur auf 250 °C abgekühlt und das Reaktionsgemisch (500 ppm NH$_3$, 500 ppm NO, 5 Vol.-% O#, Ar-Balance) aufgegeben. Durch ein Dreiwegeventil direkt vor dem NH$_3$-Massendurchflussregler wird bei gleichbleibender Dosierung ein Umschalten zwischen $^{14}NH_3$ (Reinheit 2.5) und isotopenmarkiertem Ammoniak ($^{15}NH_3$, Linde, Reinheit 2.5) ermöglicht.

## 5.5 TPD-Untersuchungen

Durch die Temperaturprogrammierte Desorption (TPD) der Komponenten NO und $NH_3$ werden sowohl Anzahl als auch Stärke der Bindung adsorbierter Spezies an aktiven Zentren ermittelt. Diese Größen sind für das bessere Verständnis der auf der Oberfläche ablaufenden SCR-Reaktionsschritte bedeutsam. Hierbei lässt sich die Anzahl der chemisorbierten Teilchen durch Integration des erhaltenen Konzentrationsverlaufs über die Temperatur berechnen.

$$n_{des} = \frac{\dot{V}}{V_m} \cdot 10^{-6} \cdot \int_{T_a}^{T_e} c_i^{aus} \, dT \qquad (5-7)$$

Die desorbierte Stoffmenge n des ergibt sich aus $V_m$ und $\dot{V}$ für das molare Volumen bzw. dem Gesamtvolumenstrom, so wie den Größen $c_{iaus}$, $T_e$ und $T_a$ die der gemessenen Konzentration an Spezies i bzw. der Anfangs- und Endtemperatur der Desorption entsprechen.

Das Auftreten verschiedener Desorptionssignale weist auf die Anwesenheit verschiedener Adsorptionszentren bzw. auf unterschiedliche Bindungsordnungen hin, wobei die Lage der Banden von der jeweiligen Aktivierungsenergie der Desorption und Frequenz der Schwingung des adsorbierten Teilchens kurz vor dem Ablösen vom Adsorbens abhängt.

Zu Beginn der Desorptionsexperimente werden die Proben, um eventuell adsorbierte Spezies zu entfernen, im Stickstoffstrom bei 500 °C (30 min) ausgeheizt und im Anschluss auf die Sorptionstemperatur von 50 °C abgekühlt.

Nach dem Konditionieren werden die Proben mit der zu untersuchenden gasförmigen Spezies gesättigt (Tabelle 5-7) und im Anschluss im $N_2$-Strom gespült. Daraufhin wird mit einer konstanten Heizrate (10 K/h) auf 600 °C geheizt, wobei die desorbierten Spezies kontinuierlich gasanalytisch erfasst werden.

**Tabelle 5-7:** Bezeichnung und Volumenanteile der Gasspezies für die NO- und $NH_3$-TPD-Untersuchungen.

| Bezeichnung | Versuchsbedingungen | Volumenstrom |
| --- | --- | --- |
| NO-TPD | 1000 ppm NO, Balance $N_2$ | 500 ml/min |
| $NH_3$-TPD | 1000 ppm $NH_3$, Balance $N_2$ | 500 ml/min |

# 6 Ergebnisse der experimentellen Untersuchungen

## 6.1 Aktivität der Referenzsysteme

Das derzeit im SCR-Bereich am häufigsten eingesetzte Katalysatorsystem $V_2O_5/TiO_2/WO_3$ wird in dieser Arbeit als Referenzmaterial verwendet. Des Weiteren kommt für eine vergleichende Gegenüberstellung mit dem in der vorliegenden Studie imprägnierten BEA-Träger ein kommerzieller ionen-ausgetauschter Fe-BEA-Zeolith (ZeochemPB-Fe, Zeochem AG, Ütikon) zum Einsatz. Weitere Angaben zu den verwendeten Referenzen finden sich in Abschnitt 5.1. Alle Katalysatorsysteme werden nach der in Abschnitt 5.2.1 beschriebenen Methode in einem Integralreaktor unter Standard-SCR-Bedingungen (Tabelle 5-4) untersucht. Die Standardabweichung bei den Messungen beträgt bis zu 5 % ausgehende von den Anfangsvolumenanteilen.

Die für die Referenzen $V_2O_5/TiO_2/WO_3$ und Fe-BEA erhaltenen $NO_x$- und $NH_3$-Umsätze sowie die $N_2O$-Volumenanteile sind in Abbildung 6-1 bzw. Abbildung 6-2 dargestellt. Beim Fe-BEA-System (Abbildung 6-2) ergeben sich bei 200 bzw. 250 °C $NO_x$-Umsätze von 40 und 65°%. Im Bereich oberhalb 300 °C zeigt der Fe-BEA-Katalysator $NO_x$-Umsätze, die konstant bei etwa 85 % liegen, was gegenüber dem Vanadium-Katalysator einen um 10 % verminderten Umsatz bedeutet. Im Gegensatz hierzu liegt seine SCR-Aktivität im Temperaturbereich unterhalb 350 °C aber deutlich über der des Vanadiumoxid-Systems.

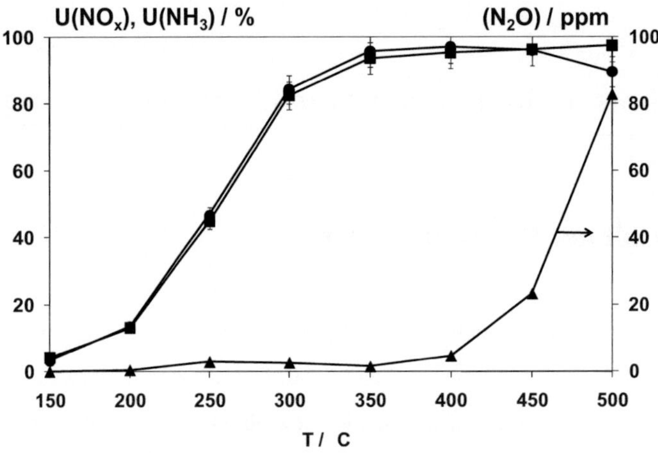

**Abbildung 6-1:** Umsatz an $NO_x$ und $NH_3$ sowie Volumenanteile an $N_2O$ bei der Standard-SCR-Reaktion am $V_2O_5/TiO_2/WO_3$-Katalysator ($U(NO_x)$ (●), $U(NH_3)$ (■), ($N_2O$) (▲)). Standard-SCR-Bedingungen (Tabelle 5-4), $\dot{V} = 500$ ml/min, $RG = 50.000$ $h^{-1}$, $m_{Kat} = 200$ mg.

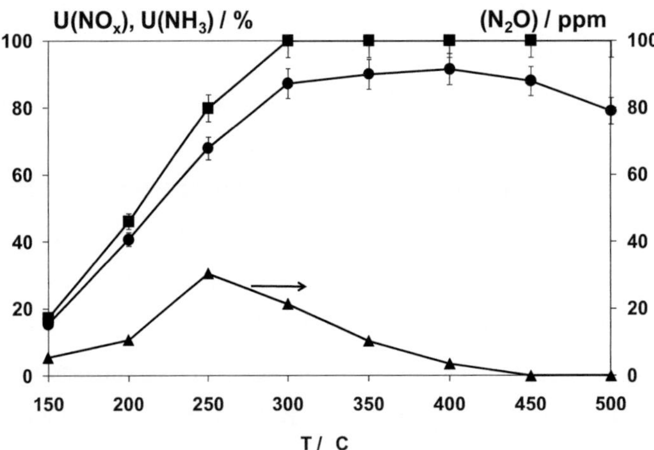

**Abbildung 6-2:** Umsatz an $NO_x$ und $NH_3$ sowie Volumenanteile an $N_2O$ bei der Standard-SCR-Reaktion am Fe-BEA-Katalysator ($U(NO_x)$ (●), $U(NH_3)$ (■), ($N_2O$) (▲)). Standard-SCR-Bedingungen (Tabelle 5-4), $\dot{V} = 500$ ml/min, $RG = 50.000$ $h^{-1}$, $m_{Kat} = 200$ mg.

Als wesentlicher Unterschied zwischen dem Vanadiumoxid-haltigen Katalysator und der Zeolith-Referenz ist der höhere Umsatz des Reduktionsmittels Ammoniak zu nennen, weshalb an der Zeolith-Probe auch bei hohen Temperaturen nicht die $NO_x$-Konversionen des Vanadium-Systems erreicht werden. Ursachen für diesen Mehrverbrauch können in der $NH_3$-Oxidation sowie anderen Reaktionspfaden der SCR-Reaktion liegen. Der beim $V_2O_5/TiO_2/WO_3$-Katalysator bei allen Temperaturen im Verhältnis von 1:1 stattfindende stöchiometrische Verbrauch an $NO_x$ und $NH_3$ kann beim Fe-BEA-Zeolith anfangs noch beobachtet werden, bei Temperaturen oberhalb 250 °C weicht der Fe-BEA-Katalysator aber von der äquimolaren Umsetzung ab.

## 6.2 Fe/H-BEA-Katalysatoren

Frühere Untersuchungen [127] zeigten, dass der Zeolith H-BEA einen sehr effektiven Träger für Katalysatoren in Bezug auf eine heterogen katalysierte Reaktion darstellt. Zudem hat sich herausgestellt, dass die Imprägnierung des Zeoliths unter Verwendung einer wässrigen Lösung von $Fe(NO_3)_3 \cdot 9\,H_2O$ zu vielversprechenden Aktivitäten bei der SCR-Reaktion führt [125].

Neben den in Abschnitt 4.1 aufgezeigten Charakterisierungsmethoden werden zur Untersuchung des optimalen Katalysatoranteils unterschiedliche Eisengehalte eingestellt (Abschnitt 5.1, Tabelle 5-2), die Menge an Eisen wird hierbei über 2 Größenordnungen variiert (0 - 10 Ma.- %). Alle Katalysatoren werden durch Tränkung ohne Wasserüberschuss präpariert und bei 450 °C 3 h kalziniert. Des Weiteren werden die $NH_3$- und $NO_x$-Oxidationseigenschaften der Katalysatoren untersucht. Diese Informationen werden für die Auswahl des Katalysators benötigt, da z.B. die $NH_3$-Oxidation zur Verringerung des zur Verfügung stehenden Reduktionsmittels führt und somit unerwünscht ist.

Hingegen handelt es sich bei der NO-Oxidation, sofern das molare Verhältnis von $NO_2$ zu $NO_x$ den Wert 0,5 nicht überschreitet, um eine wünschenswerte Eigenschaft der Katalysatoren.

## 6.2.1 Charakterisierung der verwendeten Fe/H-BEA-Träger

In Abbildung 6-3 sind die durch Stickstoff-Physisorption (Abschnitt 4.1) ermittelten BET-Oberflächen des reinen H-BEA-Pulvers und der Fe/H-BEA-Katalysatoren dargestellt. Zur Vervollständigung sind in Tabelle 6-1 die BET-Oberflächen sowie die durch Atomabsorptionsspektroskopie ermittelten Fe-Massengehalte der Proben tabelliert.

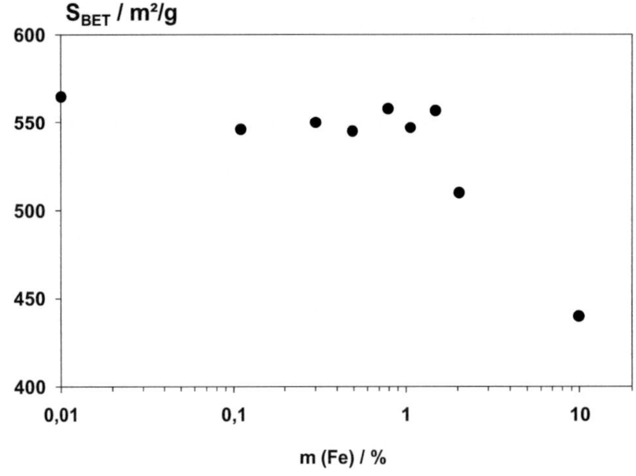



**Abbildung 6-3:** BET-Oberfläche der präparierten Fe/H-BEA-Katalysatoren.

Aus Abbildung 6-3 geht hervor, dass die BET-Oberflächen der Katalysator-Proben sich bis zu einem Anteil von 1,5 Ma-% Fe kaum ändern. Die Werte liegen auf dem Niveau des reinen H-BEA-Zeoliths (560 m²/g), bei einer Streuung von ± 10 m²/g. Erst bei Fe-Gehalten oberhalb 2 Ma.-% sinkt die

Oberfläche leicht um 40 m²/g auf 510 m2/g und bei der Probe mit 10 Ma.-% Fe deutlich um ca. 100 m²/g auf 450 m2/g ab. Diese Beobachtung lässt die Annahme zu, dass bei größeren Fe-Massengehalten Eisenoxideinheiten, die sich an der Oberfläche ausbilden, teilweise die Poren des Zeolith blockieren.

**Tabelle 6-1:** Übersicht über die präparierten Fe/H-BEA-Katalysatoren sowie deren BET-Oberfläche und der Fe-Massengehalt (mit AAS).

| Probe | $S_{BET}$ / m²/g | Fe-Gehalt / Ma-% |
|---|---|---|
| 0,1Fe/H-BEA | 546 | 0,11 |
| 0,25Fe/H-BEA | 561 | 0,25 |
| 0,5Fe/H-BEA | 546 | 0,49 |
| 0,75Fe/H-BEA | 558 | 0,76 |
| 1Fe/H-BEA | 547 | 1,01 |
| 1,5Fe/H-BEA | 557 | 1,48 |
| 2Fe/H-BEA | 510 | 2,03 |
| 10Fe/H-BEA | 440 | 8,90 |

Ergänzend zur BET-Analyse werden die Proben mit Hilfe der Röntgenbeugung auf ihre Struktur hin untersucht. Die XRD-Untersuchung ermöglicht es unter anderem, kristalline, aber auch amorphe Eisenoxid-Strukturen in der Probe zu ermitteln. In Abbildung 6-4 sind die Diffraktogramme des Referenzmaterials $\alpha$-$Fe_2O_3$ sowie Proben der Katalysatoren H-BEA, 1Fe/H-BEA, 2Fe/H-BEA und 10Fe/H-BEA dargestellt.

An diesen fünf Proben werden beispielhaft die Beobachtungen erläutert. Dies ist möglich, da sich die Diffraktogramme für die Katalysatoren mit Fe-Gehalten zwischen 0 und 1 Ma.-% nicht unterscheiden. Bei der Referenz $\alpha$-$Fe_2O_3$ sind die zu den Gitterebenen gehörenden Reflexe durch die entsprechenden Millerschen Indizes (hkl) beschriftet. Da die Untersuchung den Fe-Spezies gilt, wurde auf die Indizierung der Reflexe des reinen Zeoliths bei ca. 8 und 22,5° (2 $\Theta$) verzichtet. Bei den röntgendiffraktographische Analysen zeigen ausschließlich die Katalysatoren mit Eisengehalten von 2 und 10 Ma.-% Fe erkennbare

Reflexe bei ca. 33 und 36° (2 Θ). Diese sind sehr wahrscheinlich der (104)-bzw. der (110)-Ebene von α-Fe$_2$O$_3$ zuzuordnen. Berücksichtigt man die typischen Reflexe des Zeoliths nicht, so wird es bei weiter abnehmenden Eisenbeladungen zunehmend schwieriger, klare Reflexe im Diffraktogramm zu erkennen. Unterhalb von 2 Ma.-% Eisen können die beschichteten Proben, z.B. der 1Fe/H-BEA-Katalysator nicht von denen des unbeschichteten H-BEA-Pulver unterschieden werden.

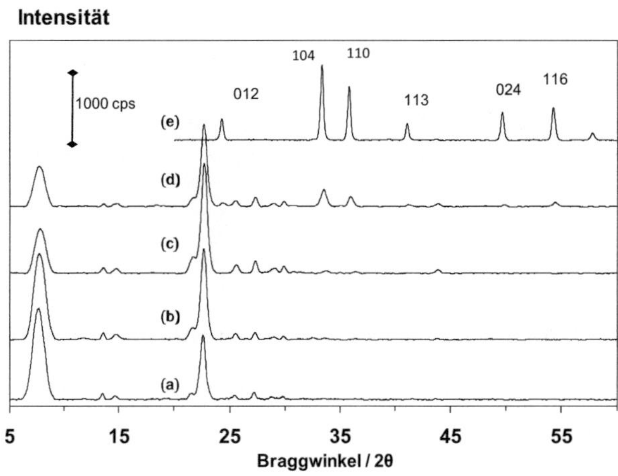


**Abbildung 6-4:** Röntgendiffraktogramme der Katalysatoren (a) H-BEA, (b) 1Fe/H-BEA, (c) 2Fe/H-BEA, (d) 10Fe/H-BEA und (e) α-Fe$_2$O$_3$.

Als weitere Technik zur Charakterisierung der Eisen-Oxo-Einheiten wurde die HRTEM-Analyse (Abschnitt 4.1) herangezogen. Dies ist eine Möglichkeit, die bei der Röntgenbeugung erfassten Reflexe, die auf Eisenoxiddomänen zurückgeführt werden können, nachzuweisen. Abbildung 6-5 stellt exemplarisch die HRTEM-Aufnahmen der Katalysatoren H-BEA, 0,25Fe/H-BEA, 0,5Fe/H-BEA, 1Fe/H-BEA, 2Fe/H-BEA und 10Fe/H-BEA dar.

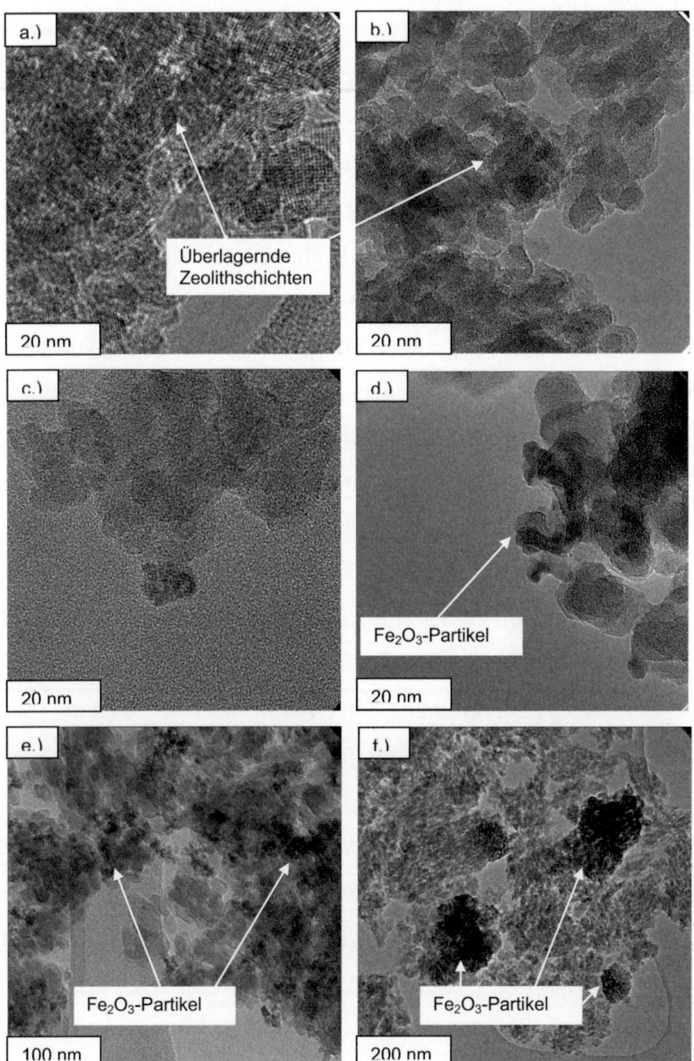



**Abbildung 6-5:** HRTEM-Aufnahmen der Katalysatoren (a) H-BEA, (b) 0,25Fe/H-BEA, (c) 0,5Fe/H-BEA, (d) 1Fe/H-BEA, (e) 2Fe/H-BEA und (f) 10Fe/H-BEA.

Die Zuordnung der in den Abbildungen sichtbaren bzw. hervorgehobenen Stellen erfolgte durch einen dem HRTEM-Gerät angeflanschten EDX-Detektor, der die Erfassung von Eisen ermöglicht. Die Aufnahme des reinen H-BEA-Zeoliths (Abbildung 6-5 (a)) zeigt ausschließlich die Kanäle bzw. ihre Struktur, aber auch eine Schwächung der Transmission durch überlagernde Zeolithschichten. Die Aufnahme des 10Fe/H-BEA-Katalysators (Abbildung 6-5(f)) zeigt Eisenoxidpartikel in der Größenordnung von 100-200 nm. Beim 2Fe/H-BEA-Katalysator (Abbildung 6-5 (e)) ist die Größe dieser Agglomerate schon geringer (10-40 nm), aber noch deutlich erkennbar. Bei Fe-Gehalten kleiner 2 Ma.-% wird es zunehmend schwieriger, Fe-Agglomerate zu erkennen, da sowohl Eisenspezies als auch sich überlagernde Zeolithschichten die Transmission des Elektronenstrahls beeinflussen. Hier zeigt aber der EDX-Detektor eindeutige dem Fe zuordbare Signale. Eine Verbesserung der Auflösung auf Werte unterhalb 10 nm wie z.B. in Abbildung 6-5 (a) ist nicht Ziel führend, da der hochenergetische Elektronenstrahl auf Grund der zunehmenden Beschleunigungsspannung die Zeolithstruktur zerstört. Die Aufnahmen beschränken sich somit auf die Ausschnitte $> 10$ nm. Eine detaillierte Darstellung eines einzelnen Kanals ($< 1$ nm) und eventuell enthaltene Fe-Oxo-Spezies ist nicht möglich. Ergänzend sind in Abbildung 10-6 im Anhang eine Zeolithprobe bei einer Auflösung unterhalb 10 nm und eine mechanisch hergestellte Mischung (Kugelmühle) aus Zeolith und nanoskaligen $\alpha$-$Fe_2O_3$-Partikeln dargestellt.

Als weitere Methode, Informationen zu den vorliegenden Eisenoxidspezies zu erhalten, dient die HTPR-Technik (Abschnitt 4.1). Obwohl der Abbau des $\alpha$-$Fe_2O_3$ als auch des $\gamma$-$Fe_2O_3$ über Magnetit hin zum Fe0 stattfindet (Gleichung (6-1) und (6-2)), gelingt es über unterschiedliche $H_2$-Verbrauchssignale und die Temperaturen bei denen diese auftreten, eine Differenzierung bezüglich der vorliegenden Fe-Oxo-Einheiten zu erstellen.

$$3\,Fe_2O_3 + H_2 \rightarrow 2\,Fe_3O_4 + H_2O \qquad (6\text{-}1)$$

$$Fe_3O_4 + 4\,H_2 \rightarrow 3\,Fe + 4\,H_2O \qquad (6\text{-}2)$$

Ausgehend von einer vollständigen Reduktion von $\alpha$-$Fe_2O_3$ zu $Fe^0$ werden im detektierten $H_2$-Verbrauchssignal zwei Signale erwartet, deren Flächen im Verhältnis von 1:8 stehen sollten (Gleichung (6-1)-(6-2)). Die Integration der Kurven führt zum molaren $H_2$/Fe-Verhältnis welches den Reduktionsgrad beschreibt, eine vollständige Reduktion des $\alpha$-$Fe_2O_3$ bis zum reinen Metall ergibt ein Verhältnis von 1,5.

Bei den durchgeführten Experimenten an den Referenzen $\alpha$-$Fe_2O_3$ und Fe-BEA-Zeolith sowie bei den Katalysatoren 10Fe/H-BEA, 2Fe/H-BEA, 1Fe/HBEA, 0,5Fe/H-BEA und 0,25Fe/H-BEA, dargestellt in Abbildung 6-6, sind größtenteils nur breite $H_2$-Verbrauchssignale zu erkennen. Hierdurch wird die klare Interpretation der Signale erheblich erschwert.

Bis auf wenige Ausnahmen (1Fe/H-BEA- und 2Fe/HBEA-Probe) verfügen alle Katalysatoren über ein Tieftemperatursignal bei ca. 355 – 410 °C und ein Hochtemperatursignal bei etwa 500 – 630 °C. Einzelne Proben zeigen auch im Temperaturbereich oberhalb 650 °C diverse Signale. Die Integration des Verbrauchssignales der Referenz $\alpha$-$Fe_2O_3$ ergibt für das Tieftemperatursignal einen Wert von 7,7 µmol $H_2$ bzw. 54 µmol $H_2$ für das Signal bei höherer Temperatur. Dies entspricht der erwarteten Relation von 1:8. Das molare $H_2$ zu Fe Verbrauchsverhältnis ergibt sich somit zu 1,5. Der ionengetauschte Fe-BEA-Zeolith zeigt bei identischer Eiseneinwaage, mit einem $H_2$-Verbauch von 30 µmol beim Tieftemperatur- bzw. 36 µmol $H_2$ beim Hochtemperatursignal, ein anderes Verhältnis. Das ermittelte $H_2$/Fe-Verhältnis liegt hier bei 0,5. Mit Ausnahme der Katalysatoren 2Fe/H-BEA und 0,5Fe/H-BEA bei denen sich die molaren $H_2$/Fe-Verhältnisse im Bereich des für die Referenz $\alpha$-$Fe_2O_3$

theoretisch berechneten Wertes von 1,5 befinden, werden relativ klare Signale nur bei den Proben 1Fe/H-BEA und 2Fe/H-BEA erhalten. Während sich bei höheren Fe-Gehalten (10Fe/H-BEA) keine aufgelösten Signale ergeben.

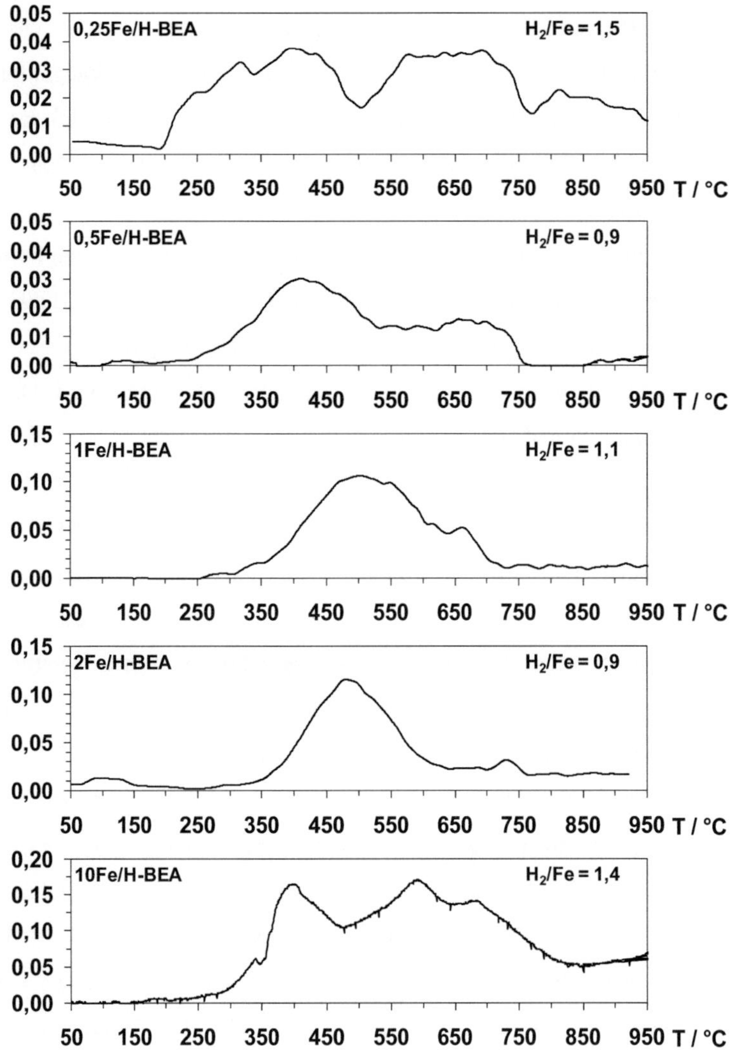

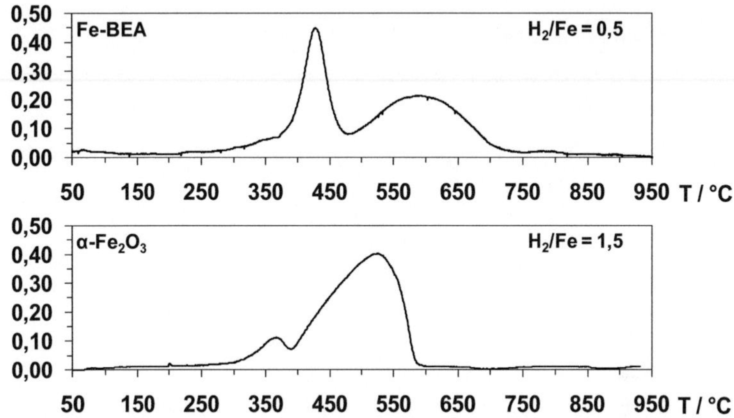


**Abbildung 6-6:** $H_2$-Verbrauchssignale und molare Verbrauchsverhältnisse ($H_2$/Fe) bei den HTPR-Untersuchungen der Katalysatoren 0,25Fe/H-BEA, 0,5Fe/H-BEA, 1Fe/H-BEA, 2Fe/H-BEA und 10Fe/H-BEA sowie der Referenzen Fe-BEA und α-Fe$_2$O$_3$.

Die [57]Fe-Mößbauer-Analysen stellen eine weitere Methode dar, um Informationen über die in den Katalysatoren vorhandenen Fe-Oxo-Spezies zu erlangen. Da für die Beschichtung der verwendeten Katalysatoren kein Isotopen angereichertes [57]Fe verwendet wurde, nehmen die Experimente einen sehr großen Zeitrahmen in Anspruch. Es werden daher exemplarisch lediglich 3 Proben vermessen. Der für die Mößbauerspektroskopie ausgewählte Fe/H-BEA-Katalysator sollte (a) mehrere Arten an Fe-Spezies enthalten und (b) den Aufwand für die Messungen in einem vernünftigen Rahmen halten.

Die für den Katalysator 1Fe/H-BEA bei 78 K und 295 K erhaltenen Signale sind in Abbildung 6-7 und Abbildung 6-8 aufgezeigt. Die Abbildung 6-9 und Abbildung 6-10 zeigen die Mößbauerspektren des ionengetauschten Fe-BEA-Zeolith bei 78 und 295 K. Die Messergebnisse der Referenz α-Fe$_2$O$_3$ sind in Abbildung 6-11 und Abbildung 6-12 dargestellt.

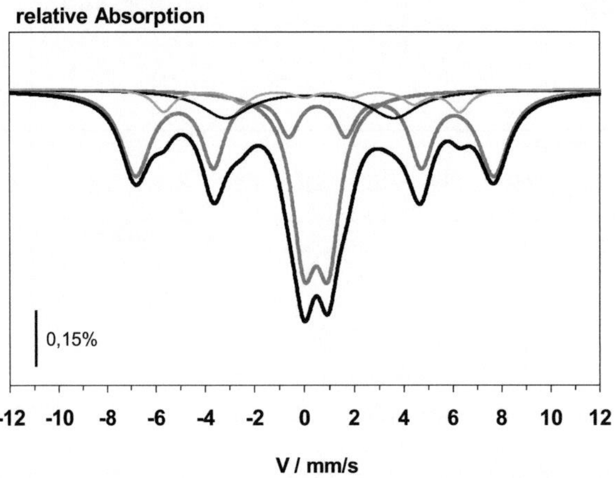


**Abbildung 6-7:** Mößbauerspektrum (—) des 1Fe/H-BEA-Katalysators bei 78 K mit Sextett 2 (—), Sextett 3 (—), Dublett 1 (—) und Dublett 2 (—). Sextett 1 kann vernachlässigt werden, da der Flächenanteil < 1 % liegt.

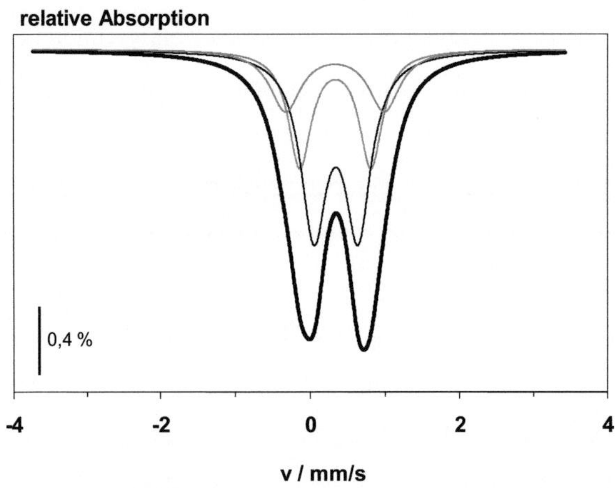


**Abbildung 6-8:** Mößbauerspektrum (—) des 1Fe/H-BEA-Katalysators bei 295 K mit Duplett 1 (—), Dublett 2 (—), Dublett 3 (—).

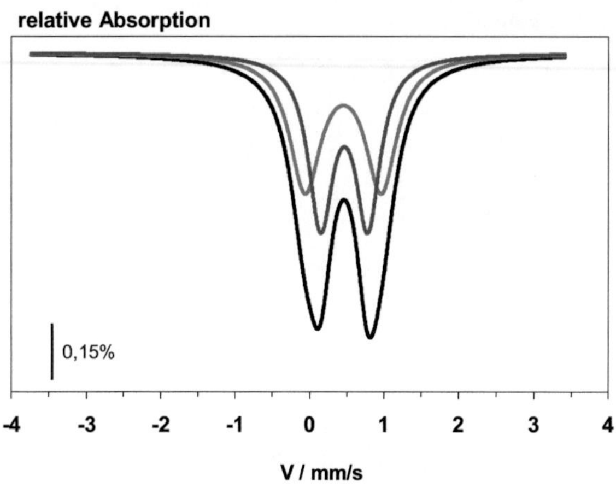


**Abbildung 6-9:** Mößbauerspektrum (—) des ionengetauschten Fe-BEA-Katalysators mit Dublett 1 (—) und Dublett 2 (—) bei 78 K.

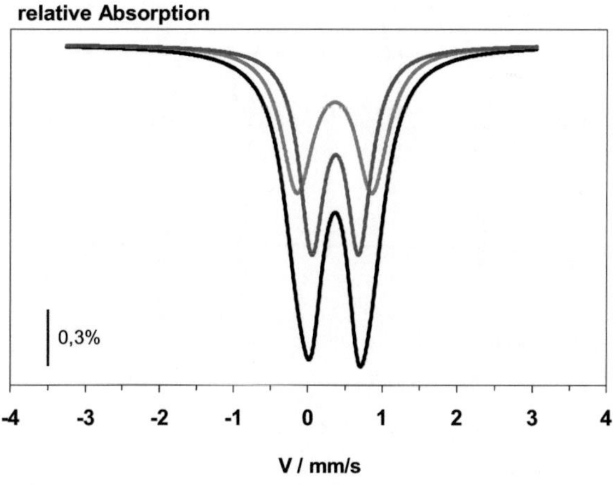


**Abbildung 6-10:** Mößbauerspektrum (—) des ionengetauschten Fe-BEA-Katalysators mit Dublett 1 (—) und Dublett 2 (—) bei 295 K.

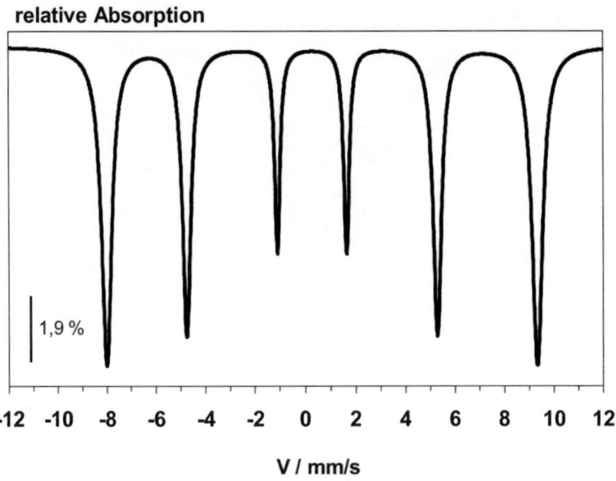


**Abbildung 6-11:** Mößbauerspektrum (—) der Referenz $\alpha$-$Fe_2O_3$ bei 78 K.

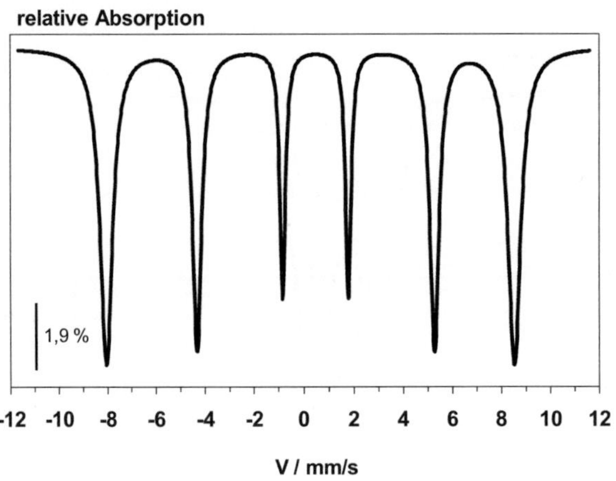


**Abbildung 6-12:** Mößbauerspektrum (—) der Referenz $\alpha$-$Fe_2O_3$ bei 295 K.

70

Allein der 1Fe/H-BEA-Katalysator zeigt eine hohe Heterogenität der Fe-Spezies auf, was sich in den komplexen Spektren und der Vielzahl der zur Beschreibung der Signale erforderlichen Multipletts (Dubletts und Sextetts) äußert.Das Spektrum des 1Fe/H-BEA-Katalysators (Abbildung 6-7) zeigt vom Signaltyp ein Sextett; dieses wird durch Dekonvolution mit einer minimalen Anzahl an Lorenzkurven in verschiedene Unterbanden unterteilt. Das bei der Dekonvolution erhaltene Bestimmtheitsmaß $R^2$, eine Größe zur Kennzeichnung des Ausmaßes, mit welchem die Messdaten durch die verwendeten Lorenzkurven erklärt werden, beträgt hierbei 1,06. Eine Übereinstimmung von 100 % entspricht einer Bestimmtheit $R^2 = 1$.

Die bei 78 K erhaltenen Unterbanden repräsentieren zwei Duplett- und drei Sextett-Signale, deren genaue Aufteilung Tabelle 6-2 entnommen werden kann. Es wird darauf hingewiesen, dass die Sextett-Unterbande mit einer Isomerieverschiebung von + 0,54 mm/s nur geringfügig (1 %) zum Spektrum beiträgt, während die beiden Sextett-Signale mit einer Isomerieverschiebung (IS) von + 0,47 und + 0,44 mm/s eine Überlagerung der inneren Banden zeigen. Diese werden aufgrund der geringen Quadropolaufspaltung (QS), aber der dennoch vorhandenen Hyperfeinaufspaltung (HF), kleinen magnetisch geordneten Eisenoxidpartikeln in der Größenordnung um 15 nm und darunter zugeordnet [128]. Die Isomerieverschiebung aller Banden liegt zwischen + 0,44 und + 0,57 mm/s, was auf $Fe^{3+}$-Kationen mit einer „high-spin"-Konfiguration (häufig oktaedrisch) hinweist. Bei Raumtemperatur zeigt der 1Fe/H-BEA-Katalysator ausschließlich oktaedrische $Fe^{3+}$-Zentren. Die ermittelten Isomerieverschiebungen liegen im Bereich größer 0,33 mm/s und kleiner 1,1 mm/s, daher ist davon auszugehen, dass keine $Fe^{2+}$-Spezies in der Probe vorhanden sind (Anhang, Abbildung 10-7).

**Tabelle 6-2:** Flächenanteile, Zuordnung und Parameter der Mößbauer-Spektroskopie am 1Fe/H-BEA-Katalysator bei 78 und 295 K.

| | IS / | QS / | HF / | Fläche / | Zuordnung [128, 104] |
|---|---|---|---|---|---|
| | mm/s | mm/s | Tesla | % | |
| **78 K (1Fe/H-BEA)** | | | | | |
| Dublett 1 | 0,47 | 0,79 | --- | 19,2 | $Fe^{3+}$ oktaedrisch |
| Dublett 2 | 0,57 | 1,88 | --- | 15,2 | $Fe+$ oktaedrisch |
| Sextett 1 | 0,54 | -0,20 | 48,8 | 1,0 | $Fe_2O_3$ < 15 nm |
| Sextett 2 | 0,47 | -0,04 | 45,4 | 32,3 | $Fe(OH)_3$ ~ 15 nm |
| Sextett 3 | 0,44 | -0,16 | 30,0 | 32,3 | $FeO(OH)$ < 15 nm |
| **295 K (1Fe/H-BEA)** | | | | | |
| Dublett 1 | 0,33 | 1,31 | --- | 20,7 | $Fe^{3+}$ oktaedrisch |
| Dublett 2 | 0,34 | 0,94 | --- | 29,0 | $Fe^{3+}$ oktaedrisch |
| Dublett 3 | 0,35 | 0,59 | --- | 50,3 | $Fe(OH)_3$ |

Im Gegensatz zur 1Fe/HBEA-Probe treten beim ionenausgetauschten Fe-BEA-Zeolith, siehe Abbildung 6-8 (78 K) und Abbildung 6-10 (295 K), ausschließlich Dubletts auf, die als $Fe^{3+}$-Spezies interpretiert werden können. Die für den Fe-BEA-Katalysator erhaltenen Parameter sind in Tabelle 6-3 dargestellt.

**Tabelle 6-3:** Flächenanteile, Zuordnung und Parameter der Mößbauer-Spektroskopie am Fe-BEA-Zeolith bei 78 und 295 K.

| Probe | V / | QS / | HF / | Fläche / | Zuordnung [128, 104] |
|---|---|---|---|---|---|
| | mm/s | mm/s | Tesla | % | |
| **78 K (Fe-BEA)** | | | | | |
| Dublett 1 | 0,35 | 1,01 | --- | 48,2 | $Fe^{3+}$ oktaedrisch |
| Dublett 2 | 0,36 | 0,64 | --- | 51,8 | $Fe^{3+}$ oktaedrisch |
| **295 K (Fe-BEA)** | | | | | |
| Dublett 1 | 0,45 | 1,03 | --- | 50,6 | $Fe^{3+}$ oktaedrisch |
| Dublett 2 | 0,47 | 0,64 | --- | 49,4 | $Fe^{3+}$ oktaedrisch |

Bei der $\alpha$-$Fe_2O_3$-Referenz zeigen die Spektren sowohl bei 78 K (Abbildung 6-11) als auch bei 295 K (Abbildung 6-12) das aus der Literatur bekannte typische Sextett. Die erhaltenen Werte der Isomerieverschiebung, der Quadropolaufspaltung und der magnetischen Aufspaltung stimmen mit Literaturangaben überein [129, 130, 104].

**Tabelle 6-4:** Flächenanteile, Zuordnung und Parameter der Mößbauer-Spektroskopie am Katalysator $\alpha$-$Fe_2O_3$ bei 78 und 295 K.

| | IS / | QS / | HF / | Fläche / | Zuordnung [128, 130, 104] |
|---|---|---|---|---|---|
| | mm/s | mm/s | Tesla | % | |
| 78 K ($Fe_2O_3$) | | | | | |
| Sextett | 0,47 | 0,39 | 54 | 100 | $\alpha$-$Fe_2O_3$ |
| 295 K ($Fe_2O_3$) | | | | | |
| Sextett | 0,36 | -024 | 51,6 | 100 | $\alpha$-$Fe_2O_3$ |

Eine weitere komplementäre Bestimmung der Art der Fe-Oxo-Spezies wird durch die DR-UV/VIS-Spektroskopie erhalten. Die erfassten Signale ergeben sich aus den Ladungswechseln zwischen $Fe^{3+}$-Spezies bzw. aus den elektronischen Übergängen zwischen den nicht bindenden 2p-Orbital des Sauerstoffs und dem 3d-Orbital des Eisens. Daher werden am reinen H-BEA-Zeolith keine Signale erhalten, die steigende Reflexion unterhalb 230 nm kann auf die Absorption des UV-Lichtes durch das Quarzglas zurückgeführt werden (Abbildung 10-9, Anhang). Die in Abbildung 6-13 dargestellten Spektren repräsentieren die Banden beim 0,02Fe/H-BEA-, 0,1Fe/H-BEA-, 0,25Fe/H-BEA-, 0,5Fe/H-BEA-, 1Fe/H-BEA- und 10Fe/H-BEA-Katalysator.

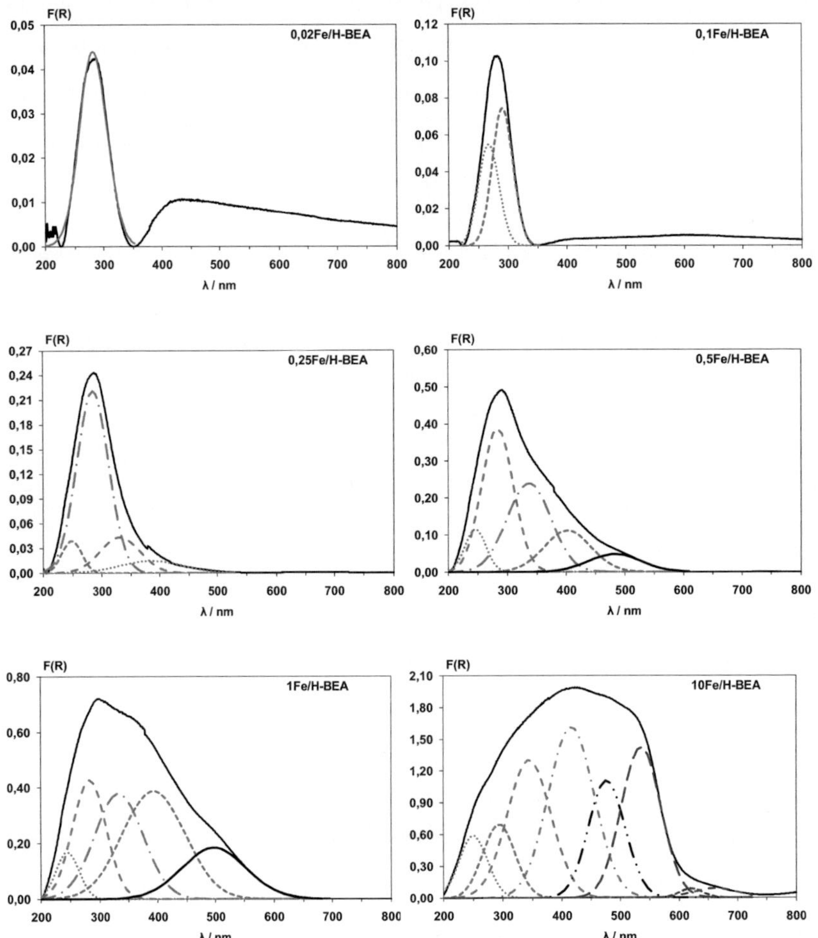

**Abbildung 6-13:** DR-UV/VIS-Spektren als Kubelka-Munk-Funktion (——) und die durch Dekonvolution erhaltene Subbanden (•••,– –,— • –) der Katalysatoren 0,02Fe/H-BEA, 0,1Fe/H-BEA, 0,25Fe/H-BEA, 0,5Fe/H-BEA, 2Fe/H-BEA und 10Fe/H-BEA.

Zur qualitativen Erfassung der Anteile der jeweiligen Fe-Zentren werden die gezeigten Signale mit Hilfe der Dekonvolution in eine minimale Anzahl von Gaußkurven unterteilt. Die erhaltenen Subbanden werden integriert und anhand der Peakmaxima nach der von Perez-Ramirez et al. [131] vorgeschlagenen Klassifizierung den Fe-Einheiten zugeordnet. Tabelle 10-7 im Anhang zeigt die für die Fe/H-BEA-Katalysatoren berechneten Bandenmaxima der Dekonvolutionskurven. Diese Gruppierung ist rein empirisch und basiert auf keinem genaueren physikalisch-chemischen Modell. Dabei sind die Übergänge in drei wesentliche Bereiche von Fe-Oxo-Einheiten zu gliedern: (a) isolierte bzw. sehr kleine Zentren ($\lambda < 300$ nm, Feiso), (b) oligomere Strukturen ($\lambda = 300$-$400$ nm, Feoligo) und (c) agglomerierte Einheiten ($\lambda > 400$ nm, Fepart) [132].

In Tabelle 6-5 sind die durch Integration der Subbanden erhaltenen Anteile der verschiedenen Fe-Spezies für die Proben 0,02 - 10Fe/H-BEA aufgelistet. Ergänzend ist das bei der Dekonvolution jeweils resultierende Bestimmtheitsmaße $R^2$ gezeigt (Eine Übereinstimmung von 100 % entspricht einer Bestimmtheit $R^2 = 1$).

**Tabelle 6-5:** Durch Dekonvolution ermittelte Flächenanteile der Subbanden der Fe/H-BEA Proben.

| Probe | Fe (Iso) % | Fe (oligo) % | Fe (part) % | $R^2$ / Dekonvolution |
|---|---|---|---|---|
| 0,1 Fe/H-BEA | 100 | --- | --- | 0,9993 |
| 0,25 Fe/H-BEA | 75,1 | 24,9 | --- | 0,9997 |
| 0,5 Fe/H-BEA | 44,6 | 47,8 | 7,6 | 0,9991 |
| 1 Fe/H-BEA | 24,8 | 58,8 | 16,4 | 0,9995 |
| 2 Fe/H-BEA | 18,7 | 31,5 | 49,8 | 0,9996 |
| 10 Fe/H-BEA | 14,1 | 20,8 | 65,1 | 0,9996 |

Katalysatoren mit geringen Fe-Gehalten, z.B. die Probe 0,1Fe/H-BEA, besitzen ausschließlich isolierte Fe-Oxo-Zentren, mit steigendem Fe-Gehalt nehmen zuerst der Anteil an oligomeren Spezies und anschließend auch der Anteil an partikulären Einheiten zu. Ab einem Eisengehalt von 0,25 Ma.-% weisen die Proben erstmals auch oligomere Cluster auf; deren Anteil entspricht ca. 25 %

des gesamten Reflexionssignals. Beim 10Fe/H-BEA-Katalysator wird mit 65 % das Maximum an partikulären Spezies erreicht. Tabelle 10-7 im Anhang zeigt die für die Fe/H-BEA-Katalysatoren berechnete Wellenlänge am Maximum der jeweiligen Subbande.

## 6.2.2 NH$_3$- und NO-Oxidationsaktivität der Fe/H-BEA-Katalysatoren

In Anwesenheit von Sauerstoff im Abgas von Dieselmotoren kann es zur unerwünschten Ammoniak-Oxidation kommen, was gemäß den Gleichungen (3-15) -(3-17) zu einem Mehrverbrauch an Reduktionsmittel sowie zur Bildung des Treibhausgases N$_2$O führen kann. Die Kenntnis über das NH$_3$-Oxidationsvermögen der Katalysatoren ist somit unbedingt erforderlich. Die in diesem Experiment verwendete Gasmischung beinhaltet 500 ppm NH$_3$, 5 Vol.-% O$_2$ und N$_2$ als Balance (Tabelle 5-4). In Abbildung 6-14 sind die erhaltenen NH$_3$-Umsätze an den Fe/H-BEA-Katalysatoren dargestellt.

Daraus geht hervor, dass mit Ausnahme des Katalysators 0,25Fe/H-BEA das NH$_3$-Oxidationsvermögen mit dem Fe-Gehalt ansteigt, was wahrscheinlich auf die zunehmende Anzahl an partikulären Fe-Oxo-Einheiten zurückzuführen ist. Diese Zunahme konnte durch die DR-UV/VIS-Spektren bestätig werden (Abschnitt 5.1). Die NH$_3$-Oxidationsaktivität nimmt in folgender Reihenfolge zu: H-BEA < 0,5Fe/H-BEA < 1, Fe/H-BEA < 2, Fe/H-BEA < 10Fe/H-BEA. Im Bereich unterhalb 300 °C liegt der Anteil der NH$_3$-Oxidation als Nebenreaktion unter 5 %. Ein signifikanter Mehrverbrauch an Ammoniak bei der SCR-Reaktion ist hingegen erst ab 350 °C zu beobachten. Die oberhalb 350 °C ermittelten NH$_3$-Umsätze liegen bei allen Proben über 15 %, und es wird sogar ein Maximum von 80 - 100 % bei den Katalysatoren 0,25Fe/H-BEA und

10Fe/H-BEA erreicht. Des Weiteren ist hervorzuheben, dass schon im Bereich von 250 – 350 °C Umsätze von 5 bis 20 % erreicht werden.

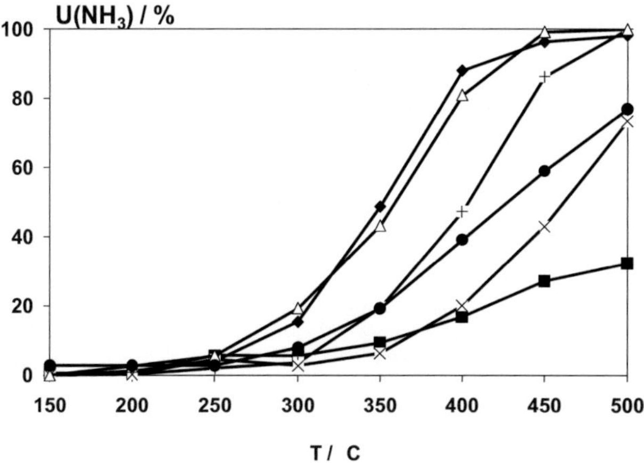



**Abbildung 6-14:** Umsatz an NH$_3$ bei der Oxidation an den Katalysatoren H-BEA (■), 0,25Fe/H-BEA (◆), 0,5Fe/H-BEA (x), 1 Fe/H-BEA (●), 2Fe/H-BEA (+) und 10Fe/H-BEA (△). NH$_3$-Oxidations-Bedingungen (Tabelle 5-4), $\dot{V}$ = 500 ml/min, RG = 50.000 h$^{-1}$, m$_{Kat}$ = 200 mg.

Neben der unerwünschten Ammoniak-Oxidation kann es an den Katalysatoren auch zur NO-Oxidation kommen. Da NO$_2$ zur Beschleunigung der Reaktion (schnelle SCR-Reaktion, Gl. (3-8)) führen kann, ist die NO-Oxidation, sofern das molare NO$_2$/NO$_x$-Verhältnis den Wert 0,5 nicht übersteigt, eine wünschenswerte Eigenschaft der Katalysatoren. Die ermittelten NO$_x$-Umsätze sind in Abbildung 6-15 gezeigt, wobei als Ergänzung der berechnete thermodynamisch mögliche NO$_x$-Umsatz aus dem Gleichgewicht NO$_x$-O$_2$ wiedergegeben ist.

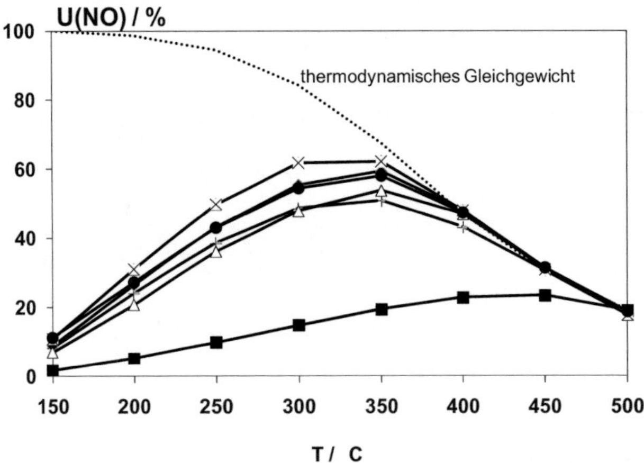


**Abbildung 6-15:** Umsatz an $NO_x$ bei der Oxidation an den Katalysatoren H-BEA (■), 0,25Fe/H-BEA (◆), 0,5Fe/H-BEA (x), 1 Fe/H-BEA (●), 2Fe/H-BEA (+) und 10Fe/H-BEA (△). $NO_x$-Oxidations-Bedingungen (Tabelle 5-4), $\dot{V}$ = 500 ml/min, RG = 50.000 h$^{-1}$, $m_{Kat}$ = 200 mg.

Im Gegensatz zur $NH_3$-Oxidation ergibt sich im Falle der NO-Oxidation keine systematische Reihenfolge in Bezug auf den Fe-Gehalt der Proben. Alle Katalysatoren besitzen ihr Umsatzmaximum zwischen 300 und 350 °C mit einer Konversion von 50 bis 60 %. Die Fe/H-BEA-Katalysatoren unterscheiden sich jedoch deutlich in ihrer Aktivität vom reinen Zeolith, der selbst bei 400 °C nur einen Umsatz von 20 % liefert. Alle Fe/H-BEA-Katalysatoren zeigen eine beachtliche NO-Oxidationsaktivität, die allerdings deutlich hinter den klassischen Oxidationskatalysatoren (z.B. Platin [133]) zurückbleibt. Bei Temperaturen oberhalb 350 °C sind die an den Katalysatoren erreichbaren $NO_x$-Umsätze durch das thermodynamische Gleichgewicht limitiert.

## 6.2.3  SCR-Aktivität der Fe/H-BEA-Katalysatoren

Während die in Abschnitt 6.2.2 diskutierten Oxidationsreaktionen lediglich Nebenpfade zu der eigentlich gewünschten Reduktion von Stickoxiden im Dieselabgas sind, wird im Folgenden das Potenzial der Fe/H-BEA-Katalysatoren bezüglich der SCR-Reaktion untersucht (Standard-SCR Bedingungen, Tabelle 5-4). In Abbildung 6-16 sind die $NO_x$-Umsätze der untersuchten Fe/H-BEA Katalysatoren dargestellt.

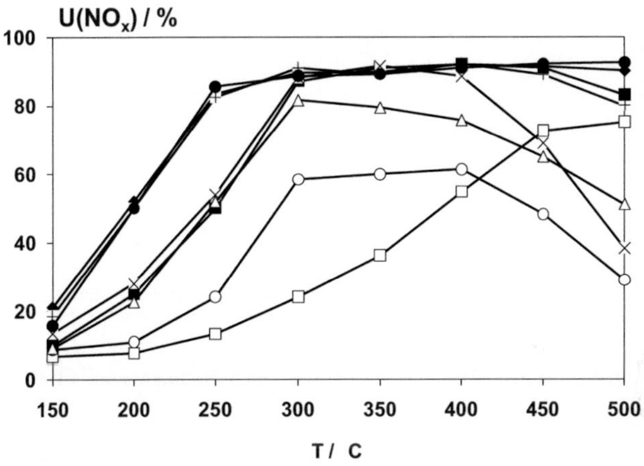


**Abbildung 6-16:** Umsatz an $NO_x$ am Katalysator H-BEA (□), 0,02Fe/H-BEA (○), 0,1Fe/H-BEA (△), 0,25Fe/H-BEA (●), 0,5Fe/H-BEA (+), 1Fe/H-BEA (◆), 2Fe/H-BEA (■), 10Fe/H-BEA (x). Standard-SCR-Bedingungen (Tabelle 5-4), $\dot{V}$ = 500 ml/min, RG = 50.000 h$^{-1}$, $m_{Kat}$ = 200 mg.

Im Bereich tiefer Temperaturen (150 – 250 °C) werden hohe Umsätze an den Katalysatoren 0,25Fe/H-BEA, 0,5Fe/H-BEA und 1Fe/H-BEA beobachtet. Die Konversionen liegen hier bei 50 bzw. 80 % für 200 und 250 °C. Für die Katalysatoren mit einer Fe-Beladung größer 1 Ma.-% liegen die Umsätze deutlich darunter, z.B. 25 % bei 200 °C für die Katalysatoren 2Fe/H-BEA und

10Fe/H-BEA. Oberhalb 300 °C werden bei den meisten Proben Umsätze größer 90 % erreicht. Die Umsätze an $NH_3$ und die detektierten Anteile an $N_2O$ können Abbildung 6-17 entnommen werden

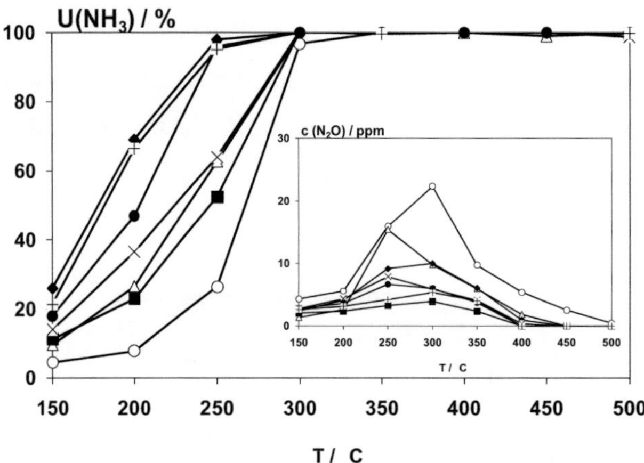



**Abbildung 6-17:** Umsatz an $NH_3$ und Volumenanteil an $N_2O$ (Inlet) an den Katalysatoren 0,02Fe/H-BEA (○), 0,1Fe/H-BEA (△), 0,25Fe/H-BEA (●), 0,5Fe/H-BEA (+), 1Fe/H-BEA (◆), 2Fe/H-BEA (■), 10Fe/H-BEA (x). Standard-SCR-Bedingungen (Tabelle 5-4), $\dot{V}$ = 500 ml/min, RG = 50.000 h$^{-1}$, $m_{Kat}$ = 200 mg.

Im Gegensatz zu $NO_x$ wird $NH_3$ bei allen Fe/H-BEA-Katalysatoren, mit Ausnahme des reinen H-BEA, oberhalb 300 °C komplett umgesetzt. Bei den Proben 10Fe/H-BEA, 0,02Fe/H-BEA und 0,1Fe/H-BEA beruht der Rückgang des $NO_x$-Umsatzes oberhalb 400 °C überwiegend auf der $NH_3$-Oxidation nach Gleichung (3-16) bzw. Gleichung (3-17). Ferner zeigt sich bei allen Katalysatoren bezüglich des Umsatzes an $NH_3$ und $NO_x$ eine Abweichung der nach Gleichung (3-7) postulierten Standard-SCR-Reaktion. Dieser Sachverhalt kann sowohl an der $NH_3$-Oxidation als auch an einer veränderten Reaktions-stöchiometrie parallel ablaufender Reaktionen liegen, hier sei beispielhaft die $NO_2$-SCR-Reakion (Gleichung (3-9)) genannt.

80

Sowohl die Fe/H-BEA-Systeme als auch der reine H-BEA-Zeolith bilden keine signifikanten $N_2O$-Mengen. Die $N_2O$-Volumenanteile liegen unter 10 ppm bzw. in der Größenordnung der Nachweisgrenze. Eine Ausnahme bilden die Systeme 0,02Fe/H-BEA und 0,1Fe/H-BEA hier entstehen zwischen 250 und 300 °C mehr als 10 ppm $N_2O$ (Abbildung 6-17).

Zur Ermittlung des aktivsten Katalysatormaterials wird die nach Gleichung (5-5) definierte scheinbare „Turnover Frequency", kurz TOF, ermittelt (Tabelle 10-5 ,Anhang) und mit den Fe-Gehalten der Fe/H-BEA-Katalysator korreliert. Die Betrachtung der TOF-Werte wird in Abbildung 6-18 exemplarisch für die Temperaturen 150, 200 und 250 °C durchgeführt.

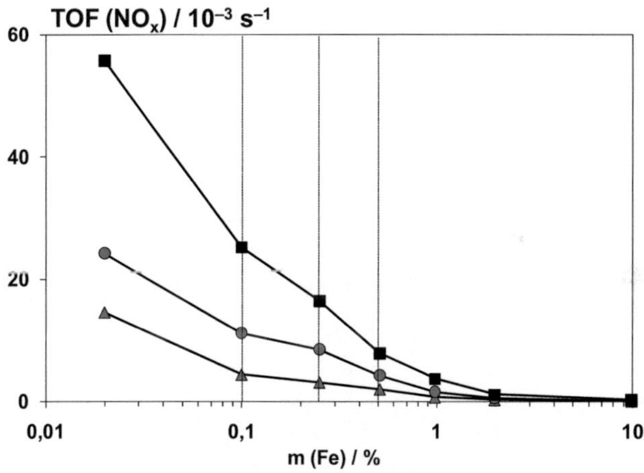


**Abbildung 6-18:** Korrelogramm zwischen den TOF-Werte bei 150 (▲) 200 (●) und 250 °C (■) und den Fe-Massengehalt der Katalysatoren. Standard-SCR-Bedingungen (Tabelle 5-4), $\dot{V}$ = 500 ml/min, RG = 50.000 h$^{-1}$, $m_{Kat}$ = 200 mg.

Zur Ergänzung sind die bei 150, 200 und 250 °C und den jeweiligen Fe-Gehalten ermittelten $NO_x$-Umsätze in Abbildung 6-19 aufgetragen. Im Bereich oberhalb 250 °C ist die Aussagekraft des TOF-Wertes nicht uneingeschränkt gegeben, da hier der bei allen Katalysatoren beobachtete vollständige $NH_3$-Umsatz (Abbildung 6-17) die $NO_x$-Konversion limitiert. Die Betrachtung der TOF-Werte, z.B. bei 200 °C ergibt, dass die Katalysatoren 0,02Fe/H-BEA mit $24\cdot10^{-3}$ $s^{-1}$ und 0,1Fe/H-BEA mit $11\cdot10^{-3}$ $s^{-1}$ die aktivsten Muster in Bezug auf den Fe-Gehalt darstellen, während die Katalysatoren mit 0,25 und 0,5 Ma.-% Fe im Vergleich den größten $NO_x$-Umsatz bei 200 °C erreichen. Dieser Zusammenhang ist in Abbildung 6-19 aufgezeigt.

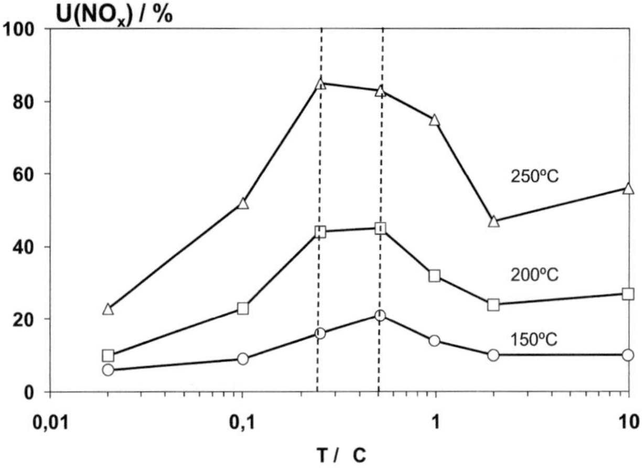


**Abbildung 6-19:** Korrelogramm zwischen dem Umsatz an $NO_x$ bei 150 (○), 200 (□) und 250 °C (△) und dem Fe-Massengehalt der Katalysatoren. Standard-SCR-Bedingungen (Tabelle 5-4), $\dot{V}$ = 500 ml/min, RG = 50.000 $h^{-1}$, $m_{Kat}$ = 200 mg.

Dabei wird der 0,25Fe/H-BEA-Katalysator als das effizienteste Material erkannt, da es hohe $NO_x$-Umsätze und hohe TOF-Raten vereint. Im Vergleich zum 0,5Fe/H-BEA-Katalysator besitzt das 0,25Fe/H-BEA-System bei gleicher

Temperatur (200°C) und Umsatz (44 %) einen um den Faktor zwei größeren TOF-Wert ($8,5 \cdot 10^{-3}$ $s^{-1}$). Hingegen besitzt der 0,1Fe/H-BEA-Katalysator im Vergleich zum 0,25Fe/H-BEA-Katalysator bei einem um 50 % größeren TOF-Wert lediglich die Hälfte der Aktivität.

## 6.3 Evaluierung des 0,25Fe/H-BEA-Katalysators

Im vorliegenden Abschnitt werden wichtige Versuchsparameter für einen möglichen späteren Einsatz des Katalysators in der Abgasnachbehandlung von Dieselfahrzeugen evaluiert. Hierfür werden neben der Variation der Konzentrationsverhältnisse von $c(NH_3)/c(NO_x)$ und $c(NO_2)/c(NO_x)$ auch der Einfluss der Gase CO, $CO_2$ und $H_2O$, die z.B. im Abgas von Dieselmotoren vorhanden sei können, untersucht. Durch das Verfahren der hydrothermalen Alterung wird des Weiteren versucht, mögliche Rückschlüsse auf das Alterungsverhalten des Katalysators im realen Betrieb zu erlangen. Die Untersuchungen konzentrieren sich auf das im vorherigen Abschnitt 6.2.3 als das beste identifizierte Katalysatorsystem, den 0,25Fe/H-BEA-Zeolith, da dieser im gesamten Temperaturbereich hohe Umsätze bei ebenfalls hohen TOF-Werten (im Bereich von 200 und 250 °C) zeigt.

### 6.3.1 Variierung des $NH_3/NO_x$-Verhältnisses

Ein wichtiger Parameter bei der SCR-Reaktion ist das zur Verfügung stehende molare $NH_3/NO_x$-Verhältnis. Zum Einen kann ein Überschuss an Ammoniak den eventuellen Verlust an Reduktionsmittel durch die $NH_3$-Oxidation kompensieren, zum Anderen besteht aber das Risiko eines $NH_3$-Durchbruchs. Dieses überschüssige Ammoniak muss dann im Anschluss an die SCR-Einheit durch einen zusätzlichen kostenintensiven mit Platin beschichteten $NH_3$-Sperr-katalysator (ASC, engl. Anti Slip Catalyst) zu $N_2$ oder NO und $H_2O$ oxidiert werden. Zur Untersuchung wird das molare Verhältnis α ($c(NH_3)$ zu $c(NO_x)$) zwischen 0,8 (unterstöchiometrisch) und 1,2 (überstöchiometrisch) variiert, wobei sich die übrigen Bedingungen an die vorherigen Untersuchungen anlehnen, Abschnitt 6.2.3. Die Ergebnisse sind in Abbildung 6-20 dargestellt.

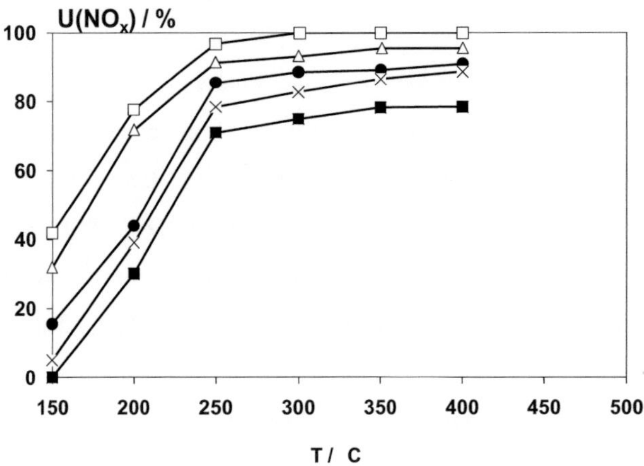


**Abbildung 6-20:** Umsatz an $NO_x$ am 0,25Fe/H-BEA-Katalysator bei $c(NH_3)/c(NO_x)$-Verhältnissen (α) von α = 1,2 (□), α = 1,1 (△), c = 1,0 (●), α = 0,9 (x), α = 0,8 (■). Bedingungen: Volumenanteile $(NO_x)$ = 500 ppm, $(NH_3)$ = α·$c(NO_x)$, $(O_2)$ = 5 Vol.-%, Balance $N_2$, $\dot{V}$ = 500 ml/min, RG = 50.000 $h^{-1}$, $m_{Kat}$ = 200 mg.

Ausgehend von der Stöchiometrie der Standard-SCR-Reaktion, die ein molares $NH_3$/NO-Verhältnis von 1 beinhaltet, bewirkt eine Verringerung des zur Verfügung stehenden Ammoniaks (gegenüber dem Verhältnis α = 1) einen Einbruch der Aktivität über den gesamten Temperaturbereich. Im Bereich oberhalb 250 °C ist die Minderung des Umsatzes nahezu linear mit der Reduktion des Dosierverhältnis α (α -10 % = $U(NO_x)$ - 10 %). Im Gegenzug bewirkt das Ansteigen des $\alpha$-Verhältnis auf Werte von 1,1 bzw. 1,2 vor allem im Tieftemperaturbereich eine deutliche Aktivitätssteigerung.

Im Bereich oberhalb 300 °C bewirkt nur eine Erhöhung auf den Wert $\alpha = 1,2$ eine Verbesserung des $NO_x$-Umsatzes. Hingegen hat die Anhebung von $\alpha$ auf den $NH_3$-Umsatz oberhalb 300 °C kaum Einfluss (Abbildung 6-21).

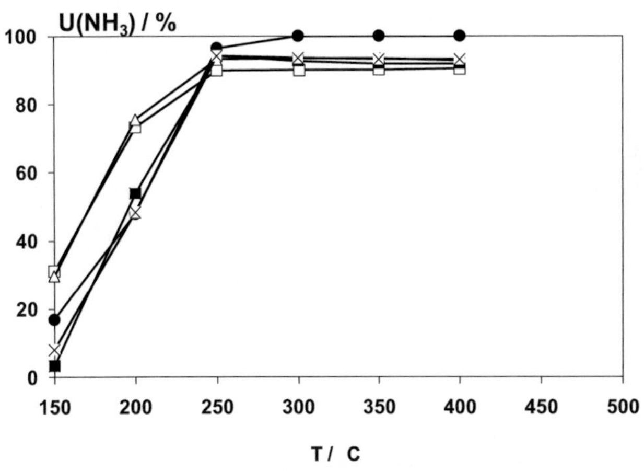


**Abbildung 6-21** : Umsatz an $NH_3$ am 0,25Fe/H-BEA-Katalysator bei $c(NH_3)/c(NO_x)$-Verhältnissen ($\alpha$) von $\alpha = 1,2$ ($\square$), $\alpha = 1,1$ ($\triangle$), $c = 1,0$ ($\bullet$), $\alpha = 0,9$ (x), $\alpha = 0,8$ ($\blacksquare$). Bedingungen: Volumenanteile $(NO_x) = 500$ ppm, $(NH_3) = \alpha \cdot c(NO_x)$, $(O_2) = 5$ Vol.-%, Balance $N_2$, $\dot{V} = 500$ ml/min, $RG = 50.000$ h$^{-1}$, $m_{Kat} = 200$ mg.

## 6.3.2 Variierung des $NO_2/NO_x$-Verhältnisses

Aus der Literatur ist bekannt, dass $NO_2$ über den Reaktionspfad der schnellen-SCR-Reaktion die $NO_x$-Umsetzung beschleunigen kann, wenn es bei einem $NO_2/NO_x$-Verhältnis < 0,5 bleibt [90, 96, 97, 134]. Aus diesem Grund wird der $NO_2$-Einfluss auf die Aktivität am verwendeten 0,25Fe/H-BEA-System durch Variation des $NO_2/NO_x$-Konzentrationsverhältnisses von 0,25 und 0,5 untersucht. Das gewünschte $NO_2/NO_x$-Verhältnis wird analog zur Praxis im Automobil über die $NO/O_2$-Reaktion (Anhang, Abbildung 10-2) an einem in der Gasleitung platzierten DOC-Katalysator (Cordierit, Zelldichte 300 cpsi, Beladung 90 g/ft³ Pt) eingestellt, wie in Abschnitt 5.2.1 beschrieben. Abbildung 6-22 und Abbildung 6-23 stellen die Umsätze an $NO_x$ und $NH_3$ wie auch die jeweilige $N_2O$-Selektivität bei $c(NO_2)/c(NO_x) = 0{,}25$ und 0,5 dar. Als Referenz ist zudem das Aktivitäts-/Selektivitätsverhalten für den reinen H-BEA im Modellabgas mit $c(NO_2)/c(NO_x) = 0{,}5$ in Abbildung 6-24 aufgezeigt.

Weitere Versuche mit Konzentrationsverhältnissen von $c(NO_2)/c(NO_x) = 0{,}1$, 0,4, 0,5 und 0,8 sind in Abbildung 6-25 dargestellt. Es zeigt sich die erwartete Erhöhung des Umsatzes bis zu einem Verhältnis von $c(NO_2)/c(NO_x) = 0{,}5$, bei Überschreitung dieses Verhältnisses ($c(NO_2)/c(NO_x) = 0{,}8$) ergibt sich im gesamten Temperaturbereich ein Rückgang der $NO_x$-Umsätze.

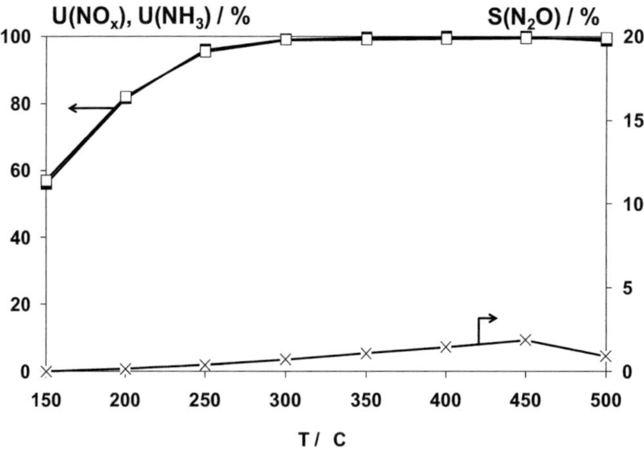


**Abbildung 6-22:** Umsatz an $NO_x$ (■) und $NH_3$ (□) und Selektivität an $N_2O$ (x) am 0,25Fe/H-BEA-Katalysator mit $c(NO_2)/c(NO_x) = 0{,}25$. „Schnelle" SCR-Bedingungen (Tabelle 5-4), $\dot{V} = 500$ ml/min, $RG = 50.000$ h⁻¹, $m_{Kat} = 200$ mg.

Sowohl für $c(NO_2)/c(NO_x) = 0,25$ als auch 0,5 werden im Bereich oberhalb 300 °C $NO_x$-Konversionen von annähernd 100 % erreicht; bei der Standard-SCR-Mischung liegt der $NO_x$-Umsatz hier nur bei etwa 90 % (Abbildung 6-16). Im Tieftemperaturbereich erhöhen sich die $NO_x$-Umsätze bei 200 °C von 44 % bei der Standard-SCR-Reaktion auf über 80 % und erreichen bei 250 °C Werte größer 90 %. Versuche mit dem Katalysator H-BEA und einem $NO_2/NO_x$-Konzentrationsverhältnis von 0,5 zeigen ebenfalls signifikante Steigerungen der Aktivität. Alle Proben zeigen im gesamten Temperaturbereich ein Verbrauchsverhältnis von 1:1 an $NH_3$ und $NO_x$.

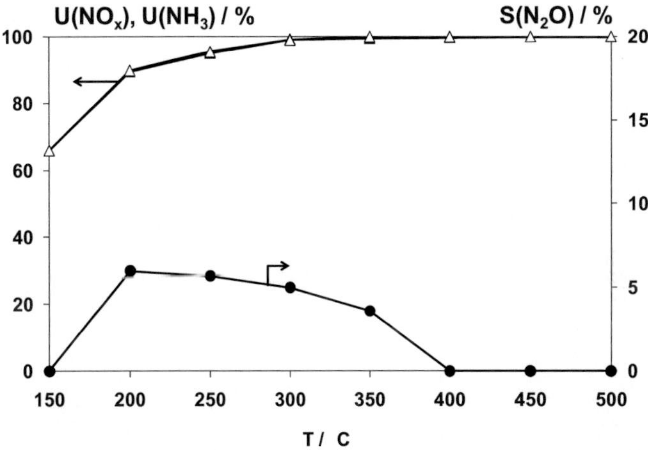


**Abbildung 6-23:** Umsatz an $NO_x$ ($\triangle$) und $NH_3$ ($\blacktriangle$) und Selektivität an $N_2O$ ($\bullet$) am 0,25Fe/H-BEA-Katalysator mit $c(NO_2)/c(NO_x) = 0,5$. „Schnelle" SCR-Bedingungen Tabelle 5-4, $\dot{V} = 500$ ml/min, RG = 50.000 h$^{-1}$, $m_{Kat} = 200$ mg.

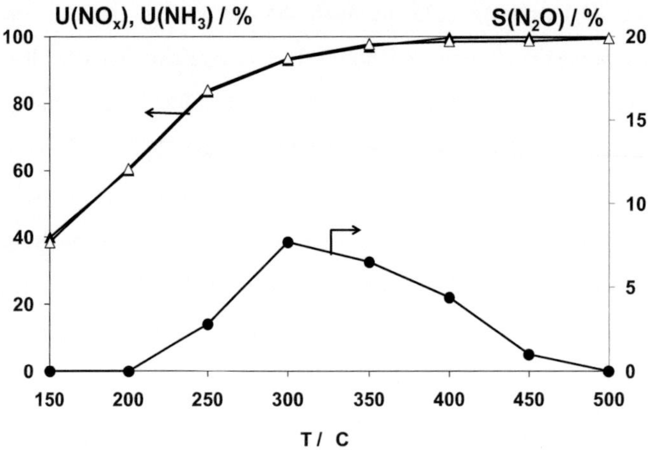

**Abbildung 6-24:** Umsatz an $NO_x$ und $NH_3$ am H-BEA-Katalysator mit $c(NO_2)/c(NO_x) = 0,5$ ($NO_x$ ($\triangle$), $NH_3$ ($\blacktriangle$), $N_2O$-Selektivität ($\bullet$)). „Schnelle" SCR-Bedingungen (Tabelle 5-4), $\dot{V} = 500$ ml/min, RG = 50.000 h$^{-1}$, $m_{Kat} = 200$ mg.

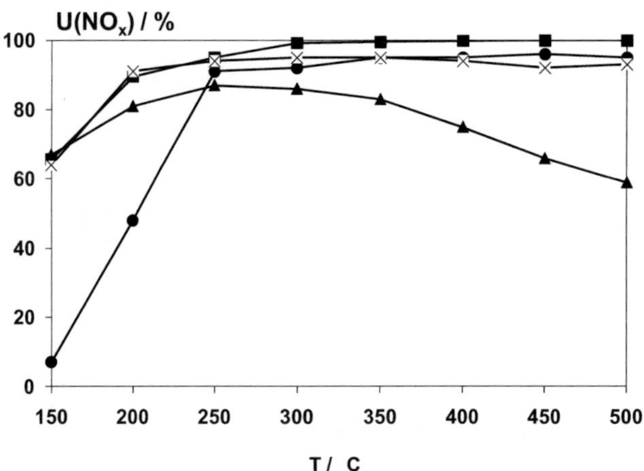

**Abbildung 6-25:** Umsatz an $NO_x$ am 0,25Fe/H-BEA mit einem Verhältnis von $NO_2/NO_x = 0,1$ ($\bullet$), $NO_2/NO_x = 0,4$ ($\blacksquare$) , $NO_2/NO_x = 0,5$ (x) und $NO_2/NO_x = 0,8$ ($\blacktriangle$). Bedingungen: Volumenanteile $(NO_x) = (NH_3) = 500$ ppm, $(O_2) = 5$ Vol.-%, Balance $N_2$, $\dot{V} = 500$ ml/min, RG = 50.000 h$^{-1}$, $m_{Kat} = 200$ mg.

### 6.3.3 Variierung der $CO_2$-, $CO$-, $O_2$- und $H_2O$-Konzentration

Die bisher an den Fe/H-BEA-Proben gezeigten Ergebnisse beziehen sich auf ein einfaches Modellabgas, welches ausschließlich $NH_3$, $NO_x$, $O_2$ und $N_2$ enthält. Darüber hinaus enthält Dieselabgas aber noch weitere gasförmige Komponenten, deren Einfluss auf die Standard-SCR-Reaktion hier am 0,25Fe/H-BEA-Katalysator untersucht wird.

Beginnend mit CO und $CO_2$ werden die Experimente in der Art durchgeführt, dass in einer Standard-SCR-Mischung die Komponenten CO oder $CO_2$ zudosiert werden, wobei der Volumenstrom konstant gehalten wird („Reale" SCR-Bedingungen, Tabelle 5-4). Die CO-Volumenanteile werden zu 0, 500 und 1500 ppm gewählt, die von $CO_2$ zu 0, 5 und 10 Vol.-%. Bei beiden Komponenten ergeben sich keine erkennbaren Einflüsse auf die SCR-Reaktion. Aus diesem Grund wird an dieser Stelle auf die Darstellung der Ergebnisse verzichtet, diese sind aber im Anhang in Abbildung 10-8 gezeigt.

Neben den genannten Komponenten CO und $CO_2$ enthalten reale Dieselabgase nicht unerhebliche Mengen an Wasserdampf, dieser Anteil kann 7 bis 12 Vol.-% erreichen. Zur Validierung des Einflusses der $H_2O$-Anteils auf die SCR-Reaktion werden Gasmischungen mit 0, 5 und 10 Vol.-% Wasser über den Katalysator geleitet.

Aus Abbildung 6-26 geht hervor, dass die Anwesenheit von Wasserdampf vor allem im Bereich von 200 bis 300 °C eine starke Desaktivierung bewirkt. So verschieben sich die $NO_x$-Umsätze, die ohne Wasserdampf-Dosierung erhalten werden, bei seiner Anwesenheit um etwa 50 °C zu höheren Temperaturen. So werden Umsätze um die 50 % erst bei 250 °C erreicht, im trockenen Modellabgas aber schon bei etwa 200 °C.

Im Bereich oberhalb 300 °C wird allerdings nur eine kaum merkliche Verringerung der SCR-Aktivität in Anwesenheit von $H_2O$ beobachtet. Offensichtlich ist die Kinetik der SCR-Reaktion bei diesen Temperaturen so schnell, dass keine nennenswerte Störung durch das Wasser stattfindet.

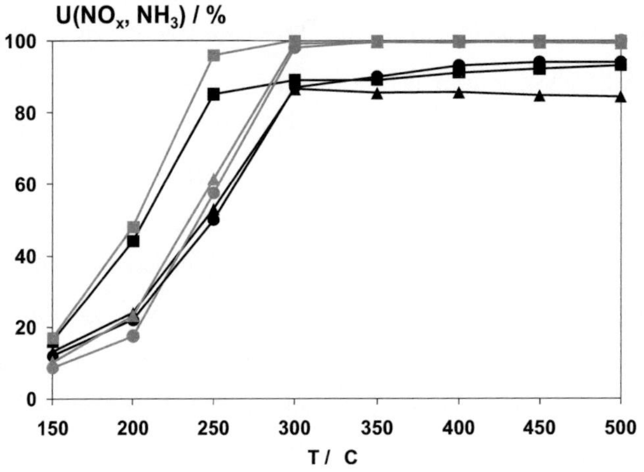


**Abbildung 6-26:** Umsatz an $NO_x$ (—) und $NH_3$ (—) in einfacher Gasmischung (■) mit 500 ppm $NO_x$, 500 ppm $NH_3$, 5 Vol.-% $O_2$, sowie zusätzlich 5 Vol.-% $H_2O$ (▲) und 10 Vol.-% $H_2O$ (●). Balance $N_2$, $\dot{V}$ = 500 ml/min, RG = 50.000 h$^{-1}$, $m_{Kat}$ = 200 mg.

Nach dem in Abschnitt 3.3 beschriebenen Mechanismus der Standard-SCR-Reaktion kommt dem Sauerstoff die Aufgabe der Reoxidation der reduzierten Fe-Zentren zu [135]. Eine schnelle $NO_x$-Reduktion ist daher nur gewährleistet, wenn Sauerstoff in ausreichender Menge zur Verfügung steht. Bei Dieselmotoren kann der $O_2$-Gehalt in Abhängigkeit des Betriebspunktes zwischen $\lambda_{O2}$ = 1,1 und 4 liegen, womit die Sauerstoffanteil von 5 Vol.-% im Volllast- bis 15 Vol.-% im Teillastbetrieb schwanken kann. In Abbildung 6-27 ist der Einfluss des Sauerstoffgehalts auf die SCR-Reaktion dargestellt, wobei die Volumenanteile an $O_2$ zwischen 5, 10 und 15 Vol.-% variiert wird.

Bei einem $O_2$-Gehalt von 10 und 15 Vol.-% ergibt sich unterhalb 250 °C eine deutliche Erhöhung der Aktivität im Vergleich zur Standard-Gasmischung (5 Vol.-% $O_2$), d.h. der Umsatz steigt von 48 % bei 5 Vol.-% $O_2$ auf 80 % bei 15 Vol.-% $O_2$. Oberhalb 250 °C ergibt selbst eine Verdreifachung des Sauerstoffgehalts von 5 auf 15 Vol.-% $O_2$ über den gesamten Temperaturbereich nur eine geringe Erhöhung des $NO_x$-Umsatzes. Allgemein kann festgehalten werden, dass eine Erhöhung der Sauerstoffanteils bei der Standard-SCR-Reaktion einen positiven Einfluss auf den $NO_x$-Umsatz hat, vor allem im Bereich tiefer Temperaturen.

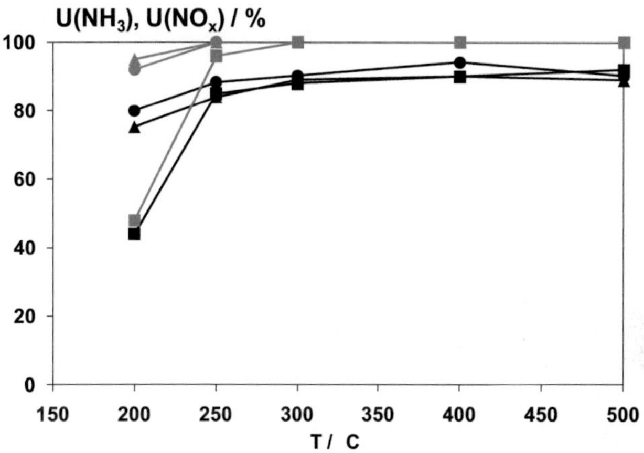


**Abbildung 6-27:** Umsatz an $NO_x$ (—) und NH$_3$ (—) am 0,25Fe/H-BEA-Katalysator mit 5 Vol.-% $O_2$ (■), 10 Vol.-% $O_2$ (▲) und 15 Vol.-% $O_2$ (●). Standard-SCR-Bedingungen Tabelle 5-4, $\dot{V}$ = 500 ml/min, RG = 50.000 h$^{-1}$, $m_{Kat}$ = 200 mg.

## 6.3.4 Hydrothermale Alterung

Durch hydrothermale Alterung bei 550 und 800 °C wird die Langzeitstabilität der Katalysatoren überprüft. Hierbei ist neben der hohen Temperatur (Sintereffekte), wie sie im Fahrbetrieb vorkommen kann, auch die Anwesenheit von Wasserdampf ($c(H_2O) = 5$ Vol.-%) bedeutend. Wasserdampf kann die Dealuminierung des Zeoliths und somit die Veränderung des Zeolith-grundgerüstes bewirken. Sowohl die Sintereffekte als auch Dealuminierung können die Aktivität bei der SCR-Reaktion mindern [136, 137]. In Abbildung 6-28 sind die Umsätze an $NO_x$ und $NH_3$ des unbehandelten als auch des bei 550 und 800 °C gealterten Katalysators 0,25Fe/H-BEA aufgezeigt.

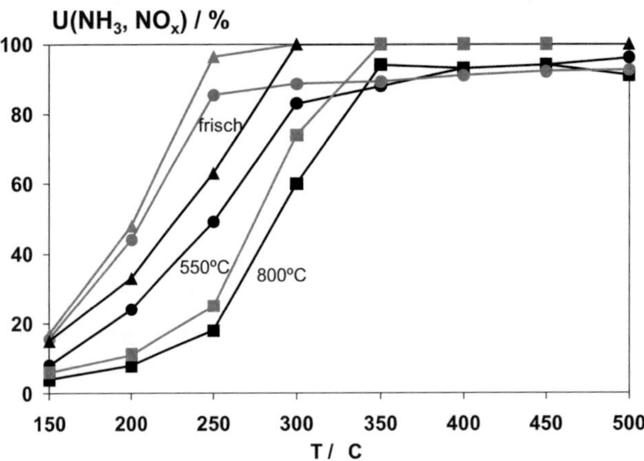


**Abbildung 6-28:** Umsatz an $NO_x$ (—) und $NH_3$ (—) am 0,25Fe/H-BEA-Katalysator (▲), mit Alterung bei 550 °C (●) und Alterung bei 800 °C (■). Standard-SCR-Bedingungen (Tabelle 5-4), $\dot{V}$ = 500 ml/min, RG = 50.000 h$^{-1}$, $m_{Kat}$ = 200 mg. Alterung: 10 Vol.-% $H_2O$, $N_2$ Balance, $\dot{V}$ = 500 ml/min.

Es ist deutlich zu erkennen, dass die hydrothermale Behandlung zumindest im Bereich unterhalb 350 °C mit steigender Alterungstemperatur die Aktivität des 0,25Fe/H-BEA-Katalysators mindert. So verringert sich z.B. der Umsatz an $NO_x$ bei 250 °C vom unbehandelten 0,25Fe/H-BEA-Katalysator zum bei 550 °C gealterten System von 80 auf 50 %. Der bei 800 °C gealterte 0,25Fe/H-BEA-Katalysator erreicht bei der gleichen Temperatur noch einen Umsatz von etwa 20 %. Eine ähnliche Verringerung der SCR-Aktivität beobachtet man bei 200 °C. Eine positive Auswirkung ist im Bereich oberhalb 350 °C zu erkennen. Dort scheint die Kinetik der Standard-SCR-Reaktion so rasch abzulaufen, dass Alterungseinflüsse keine Rolle spielen. Die erreichten Umsätze sind analog denen des unbehandelten Katalysators.

Im „realen" Gasgemisch, das neben $NO_x$ und $NH_3$ zudem CO, $CO_2$ und $H_2O$ enthält, fällt hingegen der Unterscheid in der SCR-Aktivität im Bereich tiefer Temperaturen zwischen unbehandelter und bei 550 °C gealterter Probe deutlich geringer aus, dargestellt in Abbildung 6-29. Allerdings muss darauf hingewiesen werden, dass in Anwesenheit von $H_2O$ die SCR-Aktivitäten beider Proben deutlich geringer ausfallen, d.h. zu höheren Temperaturen hin verschoben sind. Ein signifikanter Unterschied ergibt sich beim 0,25Fe/H-BEA-Katalysator der bei 800 °C hydrothermal behandelt wurde; hier werden oberhalb 350 °C $NO_x$-Umsätze von lediglich 80 % erreicht. Dies bedeutet gegenüber dem unbehandelten und dem bei 550 °C gealterten 0,25Fe/H-BEA-Katalysator eine Minderung des Umsatzes um etwa 15 %. Generell fällt der Deaktivierungseffekt der Alterung oberhalb 350 °C moderat aus, mit der Ausnahme des bei 800 °C gealterten und in Anwesenheit von Wasser untersuchten Katalysators.

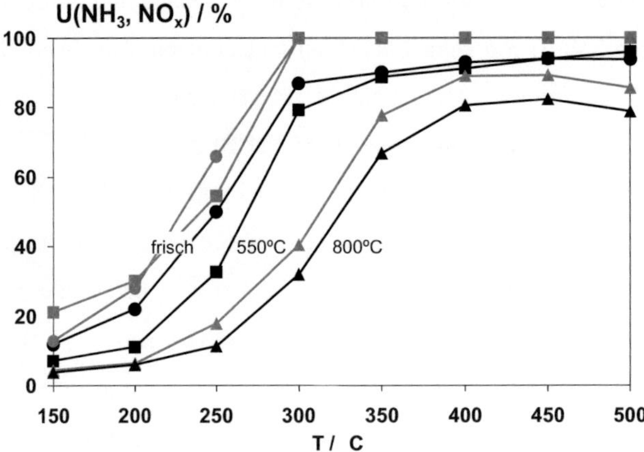


**Abbildung 6-29:** Umsatz an $NO_x$ (—) und $NH_3$ (—) am 0,25Fe/H-BEA-Katalysator ohne Alterung (●), bei 550 °C (■) und bei 800 °C (▲). „Reale" SCR-Bedingungen (Tabelle 5-4), $\dot{V}$ = 500 ml/min,   RG = 50.000 h$^{-1}$,   $m_{Kat}$ = 200 mg.   Alterung:   10 Vol.-%   $H_2O$,   $N_2$ Balance, $\dot{V}$ = 500 ml/min.

Des Weiteren hat die Alterung Einfluss auf die BET-Oberfläche. Die bei 550 °C gealterten Proben weisen im Vergleich zum nicht gealterten 0,25Fe/H-BEA-Material eine um 40 m²/g geringere BET-Oberflächen auf. Die hydrothermale Behandlung des Katalysators bei 800 °C vermindert die BET-Oberfläche um etwa 100 m²/g, zusammengefasst dargestellt in Tabelle 6-6. Dieses Verhalten kann wahrscheinlich auf Sintereffekte und Veränderung der Zeolithstruktur durch Dealuminierung zurückgeführt werden.

**Tabelle 6-6:** BET-Oberfläche des nicht gealterten, bei 550 und 800 °C hydrothermal gealterten 0,25Fe/H-BEA-Katalysators.

| Kat.-Bezeichnung | BET-Oberfläche m²/gZeolith | Behandlung |
|---|---|---|
| 0,25Fe/H-BEA | 561 | nicht gealtert |
| 0,25Fe/H-BEA-550 | 520 | hydrothermal gealtert bei 550 °C |
| 0,25Fe/HBEA-800 | 455 | hydrothermal gealtert bei 800 °C |

## 6.3.5 Einsatz von Sinterbarrieren zur Verbesserung der hydrothermalen Stabilität der 0,25Fe/H-BEA-Katalysatoren

Von einigen Elementen ist bekannt, dass ihre Oxide sich auf festen Katalysatoren als thermische Stabilisatoren bzw. als Sinterbarrieren eignen. In den meisten Fällen verhalten sich diese Sinterbarrieren aber nicht inert, es ist also darauf zu achten, dass die gewählten Materialien nur geringe negative Auswirkungen auf die ablaufende Reaktion haben. Mit Hilfe bekannter Metalloxide die zum Teil auch als Beschichtungsmaterialien eingesetzt werden, hier $WO_3$, $MoO_3$, $ZrO_2$, $CaO$, $MgO$, $La_2O_3$ und $Y_2O_3$, wird versucht, die in Abschnitt 6.3.4 beschriebene Aktivitätsminderung durch hydrothermale Alterung einzuschränken. Die entsprechenden wasserlöslichen Metallsalze Tabelle 10-3, Anhang) werden zusammen mit dem Eisennitrat in Wasser gelöst und nach der Incipient-Wetness-Methode auf den Zeolith aufgebracht. In Vorversuchen wird der bestmögliche Promotorgehalt bezogen auf das Metall zu 0,1 Ma.-% bestimmt. Experimente mit 10, 1 und 0,5 Ma.-% ergaben deutlich geringere Umsatzraten, teils durch starke $NH_3$-Oxidation an den vermehrt vorhandenen oxidischen Komponenten wie z.B. $MoO_3$, aber auch durch eine stark verringerte BET-Oberfläche bei zu großen Metallgehalten. In Abbildung 6-30 sind die $NO_x$-Umsätze für die mit einem Promotormetallgehalt von 0,1 Ma.-% imprägnierten und bei 550 °C hydrothermal gealterten Proben dargestellt. Ergänzend abgebildet sind die SCR-Aktivität des unbehandelten und des bei 550 °C hydrothermal gealterten 0,25Fe/H-BEA-Katalysators, beide ohne Promotor.

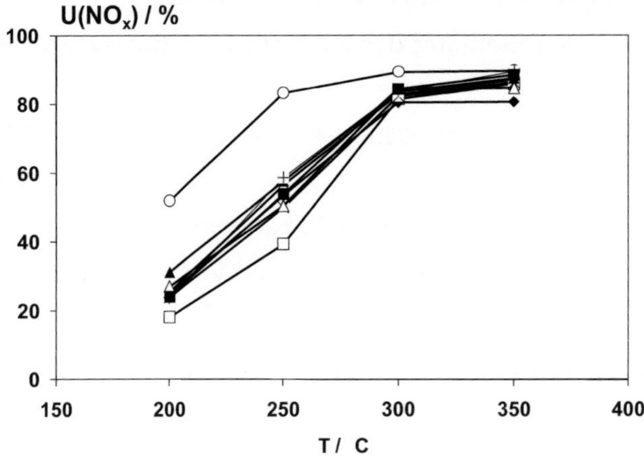

**Abbildung 6-30:** Umsatz an $NO_x$ an 550 °C hydrothermal gealterten 0,25Fe/H-BEA-Proben mit 0,1 Ma.-%: Zirkon (■), Kalzium (▲), Magnesium (△), Yttrium (◆), Wolfram (□), Lanthan (●), Molybdän (+). Referenzen ohne Promotor 0,25Fe/H-BEA (○) und 0,25Fe(550)/H-BEA (X). Standard-SCR-Bedingungen (Tabelle 5-4), $\dot{V}$ = 500 ml/min, RG = 50.000 $h^{-1}$, $m_{Kat}$ = 200 mg.

Im Rahmen der Untersuchungen lässt sich feststellen, dass der Einsatz von mit Promotoren imprägnierten Katalysatoren die SCR-Aktivität im Vergleich zur bei 550 °C gealterten 0,25Fe/H-BEA-Proben ohne Sinterbarriere nur sehr geringfügig bzw. gar nicht verbessert. Eine Ausnahme ergibt sich bei der mit Wolframoxid imprägnierten Probe, hier werden im Vergleich zu den anderen Katalysatoren im Bereich von 200 - 250 °C um etwa 15 % verminderte $NO_x$-Umsätze gemessen. Der Einsatz von Promotoren zeigt weder eine Verbesserung noch eine Minderung der Alterungsbeständigkeit.

96

## 6.3.6 Variierung des Si/Al-Verhältnisses

Die im Abschnitt 6.3.4 genannte Dealuminierung der Zeolithe durch Wasserdampf bei der hydrothermalen Alterung und die damit verbundene Minderung der $NO_x$-Umsätze sollte bei Katalysatoren mit höherem Si/Al-Verhältnis deutlich geringer ausfallen. Diese gelten allgemein auf Grund ihres höheren Silicat-Anteils als beständiger [136, 138].

Die Erhöhung der Stabilität gegenüber Alterungseffekten wäre eine wünschenswerte Eigenschaft der Katalysatoren. Aus diesem Grund werden im Folgenden Katalysatoren mit einem Fe-Gehalt von 0,25 Ma.-% und den Trägermaterialen H-BEA-25 (molares Si/Al-Verhältnis = 12,5), H-BEA-50 (molares Si/Al-Verhältnis = 25) und H-BEA-150 (molares Si/Al-Verhältnis = 75) der Firma SüdChemie AG, in Bezug auf ihre Aktivität bei der Standard-SCR-Reaktion hin verglichen. Abbildung 6-31 zeigt die $NO_x$- und $NH_3$-Umsätze für die 0,25Fe/H-BEA-Katalysatoren mit unterschiedlichen molaren Si/Al-Verhältnissen. Bei der Präparation der 0,25Fe/H-BEA-Katalysatoren sind die unterschiedlichen Wasseraufnahmekapazitäten (Tabelle 5-1) der Trägermaterialen zu berücksichtigen. Beim direkten Vergleich der gemessenen SCR-Aktivitäten wird der Einfluss des molaren Si/Al-Verhältnisses deutlich, so nimmt im Bereich unterhalb 350 °C die SCR-Aktivität mit steigendem Si/Al-Verhältnis ab. Erreicht der 0,25Fe/H-BEA-50-Katalysator bei Temperaturen oberhalb 300 °C mit einem $NO_x$-Umsatz von 90 % noch die Werte der 0,25Fe/H-BEA-25-Probe so liegt der 0,25Fe/H-BEA-150 mit einem Umsatz von 60 % schon deutlich darunter. Dieser erreicht mit etwa 80 % erst bei 450 °C seinen maximalen Umsatz. Für die Umsätze an $NH_3$ zeigt sich, dass diese auf einen konstanten Mehrverbrauch an $NH_3$ hinweisen. Sind die Unterschiede zwischen den Umsätzen an $NO_x$ und $NH_3$ bei tiefen Temperaturen noch gering, so wird die Differenz mit steigender Temperatur größer. Oberhalb 300 °C wird das $NH_3$

vollständig umgesetzt, was zu einer Limitierung der SCR-Kinetik führt. Da während der Experimente nur sehr geringe Mengen $N_2O$ detektiert werden, ist davon auszugehen, dass das $NH_3$ welches nicht an der SCR-Reaktion teilnimmt nahezu vollständig zu NO bzw. $N_2$ und $H_2O$ oxidiert wird.

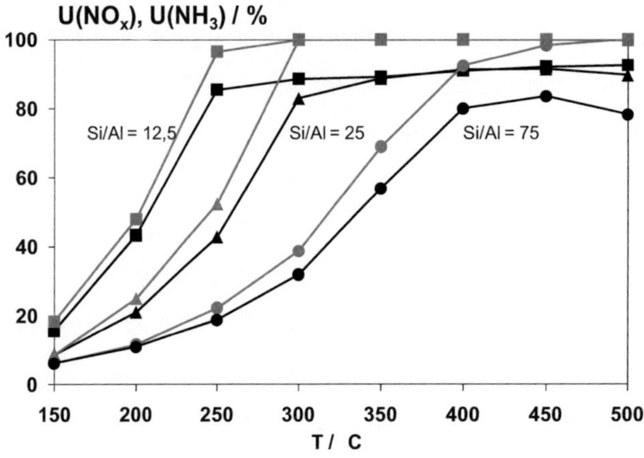


**Abbildung 6-31:** Umsatz an $NO_x$ (—) und $NH_3$ (—) am 0,25Fe/H-BEA-Katalysator mit molaren Verhältnissen an Si/Al = 12,5 (■), Si/Al = 25 (▲) und Si/Al = 75 (●). Standard-SCR-Bedingungen Tabelle 5-4, $\dot{V}$ = 500 ml/min, RG = 50.000 $h^{-1}$, $m_{Kat}$ = 200 mg.

## 6.4 Mechanistische Untersuchungen am 0,25Fe/H-BEA-Katalysator

Die folgenden Untersuchungen werden am 0,25Fe/H-BEA-Katalysator durchgeführt, da dieser, wie in Abschnitt 6.2.3 gezeigt, mit hohen $NO_x$-Umsätzen und guten TOF-Werten als das vielversprechendste System gilt.

## 6.4.1 NH$_3$-TPD-Studie am 0,25Fe/H-BEA-Katalysator

Das Desorptionsspektrum von Ammoniak am 0,25Fe/H-BEA-Katalysator ist in Abbildung 6-32 dargestellt. Zu erkennen sind eine intensive Bande mit einem Desorptionsmaximum bei 140 °C und ein weiteres Signal mit einem Maximum bei 300 °C. Die Schulter bei ca. 100 °C kann durch eine Abweichung der Linearität in der Temperaturrampe erklärt werden und rührt nicht von einer weiteren Oberflächenspezies her.

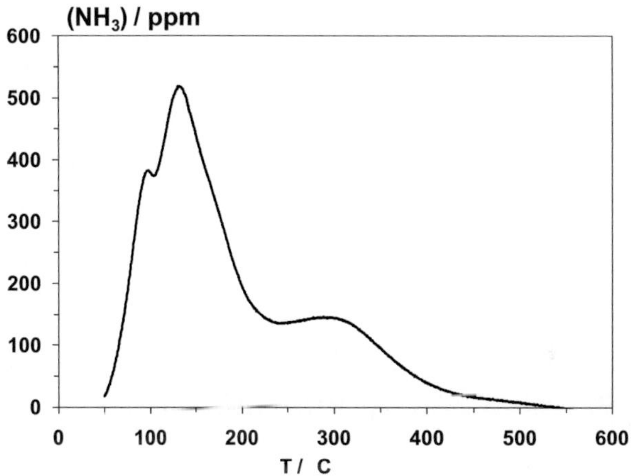


**Abbildung 6-32:** NH$_3$-Desorbtionsmessung am 0,25Fe/H-BEA-Katalysator. TPD-Bedingungen (Tabelle 5-7), $\dot{V}$ = 500 ml/min, $m_{Kat}$ = 200 mg, Heizrate = 10 K/min.

Die Ergebnisse der NH$_3$-TPD bestätigen somit das Vorkommen zweier Ammoniakspezies an der Katalysatoroberfläche. Dabei handelt es sich bei der Bande mit dem Maximum bei 140 °C um die Ammoniumspezies (NH$_4^+$) und bei der Bande bei 300 °C um die molekular gebundene Ammoniakspezies (NH$_3$). Da es an der Oberfläche des Katalysators quantitativ mehr Bronsted-Zentren als Lewis-Zentren gibt, kann damit der Unterschied der Bandenintensität erklärt werden. Zudem ist bekannt, dass die Ammoniumspezies schwächer an die Oberfläche gebunden sind als die molekular gebundenen Spezies, dass heißt es ist weniger Energie von Nöten, um die Ammoniumspezies zu desorbieren. Nach Gleichung (5-7) ergibt sich insgesamt eine desorbierte $NH_3$-Stoffmenge am 0,25Fe/H-BEA-Katalysator von 738 µmol/g.

## 6.4.2 SSITKA-Experimente am 0,25Fe/H-BEA-Katalysator

Im folgenden Abschnitt soll ein tieferes Verständnis für die ablaufenden Reaktionen am 0,25Fe/H-BEA-System erlangt werden. Nach Gleichung (3-7) liefern die Edukte $NH_3$ und NO je ein N-Atom für das Produkt $N_2$. Auf Grundlage dieser Gleichung sollten Experimente mit isotopenmarkiertem Ammoniak ($^{15}NH_3$) ausschließlich das Produkt $^{14}N^{15}N$ liefern. Hierzu wird eine 0,25Fe/H-BEA-Masse von 200 mg abwechselnd mit 470 ppm $^{14}NH_3$ bzw. $^{15}NH_3$ beaufschlagt. Ferner beinhaltet die Gasmischung (500 ml/min) noch 470 ppm $^{14}NO$ und 5 Vol.-% $O_2$ in $N_2$ als Balance. Abbildung 6-33 zeigt den zeitlichen Verlauf der Volumenanteile an $^{14}NH_3$, $^{15}NH_3$, NO, $^{14}N^{15}N$ und $^{14}N^{14}N$ während eines SSITKA-Experimentes.

Die Reaktionstemperatur wird auf 250 °C eingestellt, da hier (siehe Abschnitt 6.2.3) aufgrund des hohen Umsatzes ausreichend $N_2$ produziert wird, aber keine Limitierung der Reaktanden durch einen vollständigen Verbrauch an $NH_3$ stattfindet. Mittels CIMS-Analytik (Abschnitt 4.2) werden die Gase $^{14}N_2$, $^{14}NH_3$, $^{14}NO$, $^{14}NO_2$ und $^{14}N_2O$ und die möglichen Isotopen $^{14}N^{15}N$, $^{15}N^{14}NO$ $^{15}NH_3$, $^{15}NO$ und $^{15}NO_2$ gemessen. In Übereinstimmung zu den Experimenten in Abschnitt 6.2.3 liegt der Umsatz des 0,25Fe/H-BEA-Katalysators bei 250 °C, sowohl in der $^{15}NH_3$- als auch $^{14}NH_3$-Dosierphase, bei etwa 90 %.

100

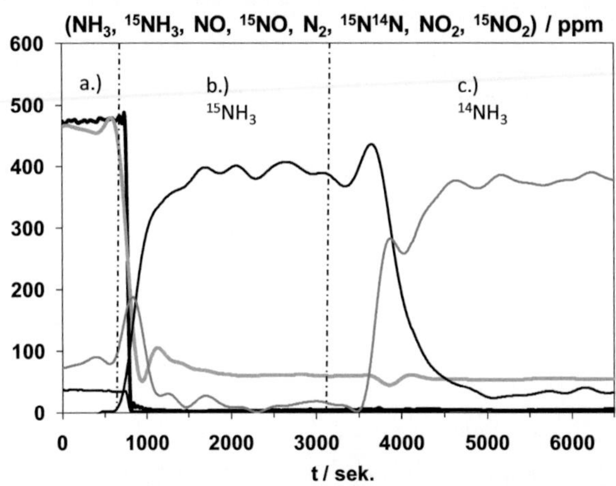

**Abbildung 6-33:** SSITKA-Experiment am 0,25Fe/H-BEA-Katalysator bei 250 °C mit $^{15}NH_3$-Dosierung (Bereich b.) und $^{14}NH_3$-Dosierung (Bereich c.). $^{14}N^{15}N$ (—), $^{14}N^{14}N$ (—), NO (—). Bedingungen: Volumenanteile ($^{15}NH_3$, —) = ($^{14}NH_3$) = 470 ppm, ($NO_x$, —) = 470 ppm, ($O_2$) = 5 Vol.-%, Balance $N_2$, $\dot{V}$ = 500 ml/min, $m_{Kat}$ = 200 mg, RG = 50.000 h$^{-1}$.

Ausgehend vom Hauptreaktionspfad der Standard-SCR-Reaktion, entstehen in beiden Fällen hauptsächlich $^{14}N_2$ bzw. $^{15}N^{14}N$ und $H_2O$; die Selektivität von $N_2$ bezüglich der Edukte NO und $NH_3$ beträgt nahezu 100 %. Die Gase $NO_2$, $N_2O$ sowie $^{15}NO_2$, $^{15}N^{14}NO$ entstehen in Spuren (< 10 ppm) bzw. liegen im Bereich des Detektorrauschens, auf eine gesonderte Darstellung wurde verzichtet.

Die Detektion geringer Volumenanteile von etwa 10 – 20 ppm $^{15}NH_3$ bzw. $^{14}NH_3$ in der $^{14}NH_3$- bzw. $^{15}NH_3$-Dosierphase beruhen auf Querempfindlichkeiten des Detektors. Auf die Analyse des gebildeten $H_2O$ wurde verzichtet, da sich die Kalibrierung für diesen Messbereich als äußerst schwierig erweist. Die Bilanz auf Basis der Standard-SCR-Reaktion nach Gleichung (3-7) über die entstehenden und verbrauchten Spezies ergibt eine gute Übereinstimmung zwischen den eingesetzten Edukten und Produkten (Tabelle 6-7).

**Tabelle 6-7:** Bilanzierung des SSITKA-Experiments für die Spezies $^{14}NO$, $^{15}NH_3$, $^{14}NH_3$, $^{14}N^{15}N$ und $^{14}N_2$.

| Dosierung | Verbrauch | | | Bildung | |
|---|---|---|---|---|---|
| | $^{14}NO/$ $\mu mol$ | $^{14}NH_3/$ $\mu mol$ | $^{15}NH_3/$ $\mu mol$ | $^{14}N_2/$ $\mu mol$ | $^{14}N^{15}N/$ $\mu mol$ |
| $^{15}NH_3$-Dosierung | 400 | | 424 | | 435 |
| $^{14}NH_3$-Dosierung | 540 | 590 | | 535 | |

Bei der Bilanzierung des Ammoniaks wird berücksichtigt, dass eine Teilmenge auf dem Zeolith adsorbiert vorliegt, nämlich 26 µmol bei 250 °C. Dieser Wert ergibt sich aus TPD-Untersuchungen an der 0,25Fe/H-BEA-Probe bei 250 °C [139]. Die sich aus den integral berechneten Mengen ergebende Abweichung in Bezug auf den NO- und $NH_3$-Verbrauch bzw. die $N_2$-Bildung liegt bei ca. 10 %. Im Bereich der $^{15}NH_3$-Dosierphase (Bereich b.), Abbildung 6-33) werden 400 µmol $^{14}NO$ sowie 424 µmol $^{15}NH_3$ verbraucht, es entstehen 435 µmol $^{15}N^{14}N$. In der $^{14}NH_3$-Dosierphase (Bereich c.) ergeben sich 540 µmol $^{14}NO$ und 590 µmol $^{14}NH_3$ bzw. 535 µmol für die $^{14}N_2$-Bildung. Das in der jeweiligen Dosierphase aufgegebene und adsorbierte $NH_3$ reagiert vollständig ab und wird nicht gespeichert.

## 6.4.3 NO$_2$-SCR-Reaktion am 0,25Fe/H-BEA-Katalysator

Da auf Basis der in Abschnitt 6.2.2 dargestellten guten Wirksamkeit der Fe/H-BEA-Katalysatoren bei der NO-Oxidation die Bildung von $NO_2$ nicht ausgeschlossen werden kann, ist es sinnvoll diese ebenfalls zu untersuchen. Hierfür werden 780 ppm $NH_3$ und 780 ppm $NO_2$ mit Argon als Trägergas bei 250 °C über den 0,25Fe/H-BEA-Katalysator geleitet. Die gewählte Temperatur erlaubt eine sinnvolle Gegenüberstellung mit den SSITKA- (250 °C) und noch folgenden XANES-Experimenten (250 °C). Die aus der CIMS-Analytik erhaltenen Ergebnisse sind in Abbildung 6-34 dargestellt.

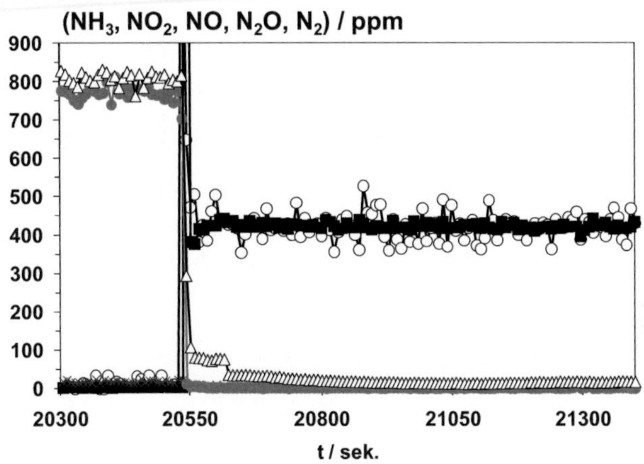


**Abbildung 6-34:** NO₂-SCR-Reaktion am 0,25Fe/H-BEA-Katalysator bei 250 °C mit 780 ppm NH₃ ($\bullet$) und 780 ppm NO₂ ($\triangle$), Produkte N₂ ($\blacksquare$), N₂O ($\bigcirc$), NO ($\square$). Bedingungen: Volumenanteile (NH₃) = 780 ppm, (NO₂) = 780 ppm, (O₂) = 5 Vol.-%, Balance Ar, $\dot{V}$ = 500 ml/min, $m_{Kat}$ = 200 mg, RG = 50.000 h$^{-1}$.

Die Produkte $N_2$ und $N_2O$ entstehen im äquimolaren Verhältnis von 1:1. Die Umsätze an $NO_2$ und $NH_3$ liegen bei ungefähr 100 %, NO wird nicht detektiert. Die großen Mengen an $N_2O$ legen den Schluss nahe, dass die Brutto-Reaktion nicht über den in Gleichung (3-9) postulierten Schritt der $NO_2$-SCR-Reaktion abläuft. Es kommt vielmehr zur Bildung und Zersetzung von Ammoniumnitrat ($NH_4NO_3$) nach Gleichung (6-3) und (6-4) [94].

$$2\,NO_2 + 2\,NH_3 \rightarrow NH_4NO_3 + N_2 + H_2O \tag{6-3}$$

$$NH_4NO_3 \rightarrow N_2O + 3\,H_2O \tag{6-4}$$

## 6.4.4 XANES-Untersuchungen am 0,25Fe/H-BEA-Katalysator

Zur weiteren Charakterisierung der Fe-Spezies und zur Untersuchung des Mechanismus der Standard-SCR-Reaktion werden in situ XANES-Studien durchgeführt. Der Versuchsaufbau ist in Abschnitt 4.1 beschrieben. Es wurden 10 mg Katalysatorpulver bei 250 °C ($\dot{V} = 30$ ml/min) in einem Mikroreaktor (di = 1 mm) mit verschiedenen Gasmischungen (Tabelle 6-8) durchströmt.

**Tabelle 6-8:** Versuchsplan der durchgeführten in situ XANES-Untersuchungen am 0,25Fe/H-BEA-Katalysator.

| Versuch | T / °C | Bedingungen | Volumenanteile |
|---------|--------|-------------|----------------|
| 1 | 25 | unbehandelt | $N_2$ Balance |
| 2 | 250 | Inertgas-Atmosphäre | $N_2$ Balance |
| 3 | 250 | oxidierende Atmosphäre | $(O_2) = 6$ Vol.-%,$N_2$ Balance |
| 4 | 250 | reduzierende Atmosphäre | $(NH_3) = 500$ ppm, $N_2$ Balance |
| 5 | 250 | oxidierende Atmosphäre | $(NO) = 600$ ppm, $N_2$ Balance |
| 6 | 250 | Standard-SCR Atmosphäre | $(NH_3) = (NO) = 250$ ppm, |

Der Katalysator wurde zuvor bei 500 °C im Stickstoffstrom 30 min lang konditioniert. Allgemein erscheint die Fe-K$\alpha$-Vorkante in Bezug auf die verwendete Fe0-Referenz unter reduzierenden Bedingungen sowohl für oktaedrisch als auch für tetraedrisch koordinierte Fe-Zentren wie z.B. für $Fe^{2+}$-Spezies bei Energien um die 7112 eV und entsprechend bei höheren Energien um 7114 eV für $Fe^{3+}$-Spezies wie sie in oxidierender Atmosphäre vorkommen können [140-142]. In Abbildung 6-35 sind die Spektren aus dem Bereich vor der Fe-K$\alpha$-Kante (XANES) unter in situ-Bedingungen ($N_2$) bei Raumtemperatur (20 °C) und 250 °C dargestellt. Als Inlet sind die vollständigen Spektren der Fe-K$\alpha$-Kante bei 25 und 250 °C abgebildet.

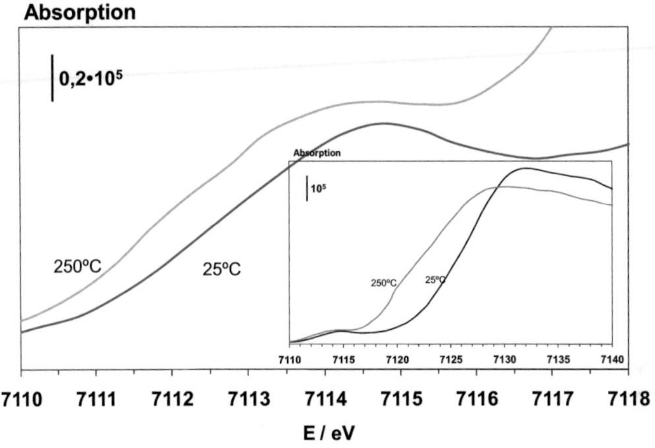


**Abbildung 6-35:** Vorkanten-XANES-Spektren des 0,25Fe/H-BEA-Katalysators bei 25 °C (▬) und 250 °C (▬). Inlet: Vollständige XANES-Spektren. Bedingungen: Balance $N_2$, $\dot{V} = 30$ ml/min, $m_{Kat} = 10$ mg.

Deutlich zu erkennen ist eine Differenz der beiden Spektren; die bei Raumtemperatur gemessene Fe-K$\alpha$-Kante liegt deutlich zu höheren Energien hin verschoben während die bei 250 °C gemessene Kante bei niedriger Energie zu beobachten ist. Die Maxima der Vorkantensignale variieren mit 7114,7 eV (25 °C) und 7114,2 eV (250 °C) nur in geringem Maße, unterscheiden sich aber dennoch deutlich durch die Ausbildung einer Schulter um etwa 7112 eV bei der bei 250 °C gemessenen Probe. Sowohl die Verschiebung der gesamten Kante als auch die bei 7112 eV im Vorkantenbereich gefundene Schulter deuten darauf hin, dass die Fe-Zentren bei 250 °C stärker reduziert vorliegen als bei Umgebungstemperatur. Die höhere Oxidationsstufe bei 25 °C lässt die Annahme zu, dass Wasserdampf aus der Atmosphäre auf den Zeolith, der für seine hervorragende Eigenschaft als Adsorbens bekannt ist [70], adsorbiert. Eine weitere Möglichkeit wäre der Umkehrschluss, es findet teilweise eine

Desorption des Sauerstoffs bei 250 °C statt. Die Abbildung 6-36 zeigt ausschnittsweise die XANES-Spektren des Bereiches vor der Fe-Kante bei 250 °C die am 0,25Fe/H-BEA-Katalysator durch Einleitung der Gasmischungen $NH_3/N_2$, $NO/N_2$, $O_2/N_2$ und $NH_3/NO/O_2/N_2$ in den Mikroreaktor erhalten werden (Tabelle 6-8). Als Inlet sind die vollständigen Messdaten an der Fe-K$\alpha$-Kante gezeigt.

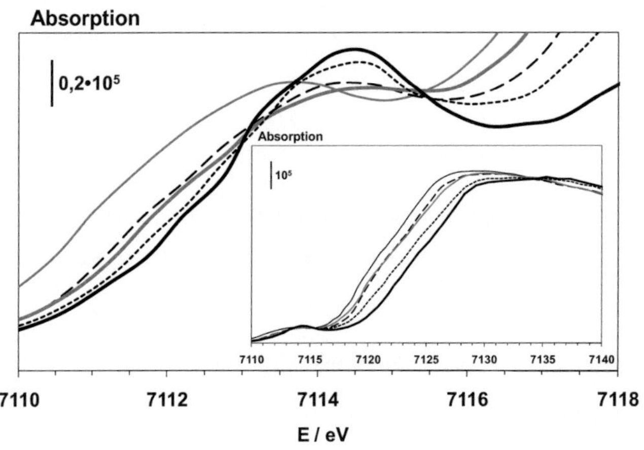


**Abbildung 6-36:** Vorkanten-XANES-Spektren des Katalysators 0,25Fe/H-BEA bei 250 °C in $N_2$ (—), $O_2/N_2$ (•••), $NO/N_2$ (—),$NH_3/N_2$ (— —) und $NO/NH_3/O_2/N_2$ (—). Inlet: Vollständige XANES-Spektren. Bedingungen: Balance $N_2$, $\dot{V}$ = 30 ml/min, $m_{Kat}$ = 10 mg.

Die Maxima der Vorkanten streuen um einen mittleren Wert von 7114,5 eV; eine Ausnahme bildet hier mit 7113,6 eV das deutlich zu niedrigeren Energien hin verschobene Maximum für die Standard-SCR-Gasmischung. Des Weiteren unterscheiden sich die Vorkantenspektren im Bereich um 7112 eV. Die Höhe der Schulter des Absorptionsspektrums steigt hier in der Reihenfolge von oxidierenden zu reduzierenden Gasmischungen $(NO/N_2) > (O_2/N_2) > (NH_3/N_2)$ bis hin zu einer deutlich breit ausgeprägten Schulter für die SCR-Gasmatrix $(NO/NH_3/O_2/N_2)$ an. Neben den Vorkantenmaxima unterscheiden sich die

Spektren auch in ihrer Lage oberhalb 7114 eV. Zu ihrer Interpretation werden die Wendepunkte herangezogen, da diese sich im Gegensatz zu den breiten Maxima besser bestimmen lassen. So liegen die Wendepunkte der aufsteigenden Fe-K$\alpha$-Kante für die oxidierenden Gasmischungen ($O_2/N_2$) und ($NO/N_2$) bei 7126,3 bzw. 7127,1 eV. Die höchste Reduktionsstufe mit 7123,6 eV, wird wie schon erwähnt, nicht in der ausschließlich reduzierenden $NH_3/N_2$-Gasmischung (7124,2 eV) sondern trotz des im Überschuss vorhandenen Sauerstoffes in der SCR-Gasmischung ($NO/NH_3/O_2/N_2$) erreicht.

## 6.5 Transfer des Fe/H-BEA-Katalysators auf ein reales System

### 6.5.1 Erstellen eines Fe/H-BEA-Waben-Beschichtungssystems

Zur Evaluierung des technischen Potentials wird das Fe/H-BEA-Katalysatorsystem unter realistischen Betriebsbedingungen am Motor getestet. Hierzu werden Untersuchungen am 1Fe/H-BEA-Katalysator vorgenommen, da dieser in Vorversuchen an Wabenkörpern höhere $NO_x$-Umsätze als der 0,25Fe/H-BEA-Katalysator zeigte (vgl. Abbildung 10-11, Anhang). Da der Fokus dieser Versuche auf dem Aufzeigen des Potenzials eines vielversprechenden Prototypen liegt und nicht in der Verfeinerung der Beschichtungsmethode, wird im Gegensatz zu den Pulverversuchen im folgenden Abschnitt das 1Fe/H-BEA-Katalysatorwabensystem verwendet. Die Beladungsmenge an Katalysator, in g/l, wird hierbei in Klammern der Probenbezeichnung beigefügt, z.B. 1Fe(x)/H-BEA-Probe.

In einem ersten Schritt wird der H-BEA-Träger in einer Kugelmühle bis auf einen mittleren Durchmesser (d50) von 5 µm gemahlen und in einem zweiten Schritt nach dem in Abschnitt 5.1 beschriebenen Vorgehen präpariert. Abbildung 6-37 zeigt die gemessene Partikelgrößen- und Summenverteilung des H-BEA-Pulvers vor und nach dem Mahlen.

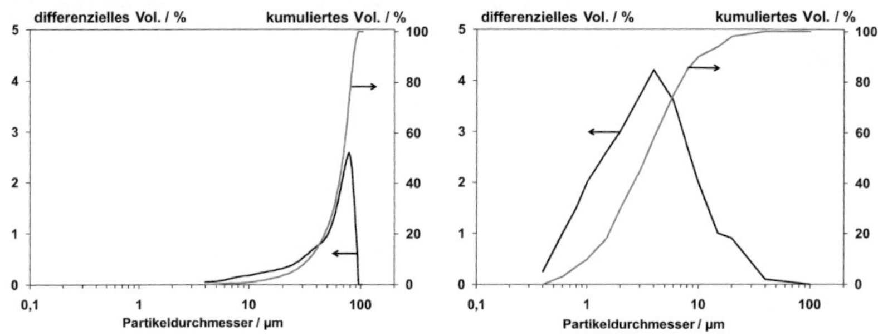


**Abbildung 6-37:** Partikelgrößen- und Summenverteilung des unbehandelten H-BEA-Pulvers (links) und nach dem Trockenmahlen (rechts).

Vorversuche zur Beschichtungsmethodik haben ergeben, dass das vorherige Mahlen mit anschließendem Imprägnieren der Katalysatorpräparation mit nachgeschaltetem Mahlen vorzuziehen ist. Es ist unter Standard-SCR-Bedingungen eine geringe Erhöhung der SCR-Aktivität bei gleichzeitiger Minderung in der $N_2O$-Selektivität zu beobachten (Abbildung 10-12, Anhang). In Abbildung 6-38 ist die SCR-Aktivität des 1Fe(87)/H-BEA-Wabensystems, gemessen in einer realistischen Gasmatrix, dargestellt.

Die Katalysatorbeladung von 87 g/l, liegt im Bereich der bekannten technischen Anwendungen. Das 1Fe(87)/H-BEA-Wabensystem zeigt oberhalb 300 °C $NO_x$-Umsätze um 80 %, während im Tieftemperaturbereich nur geringere Umsätze um die 10 bis 30 % erreicht werden. Zu erwähnen ist auch die zuvor schon bei den Pulvermessungen beobachtete Abweichung der 1:1-Reaktionsstöchiometrie von $NO_x$ und $NH_3$ oberhalb 250 °C. Analog zu den Pulverexperimenten wird der kommerzielle wabenförmige $V_2O_5$/$WO_3$/$TiO_2$-Vollkatalysator, mit der gleichen Bemaßung und Zelligkeit wie beim 1Fe(87)/H-BEA-Beschichtungssystem als Referenz herangezogen.

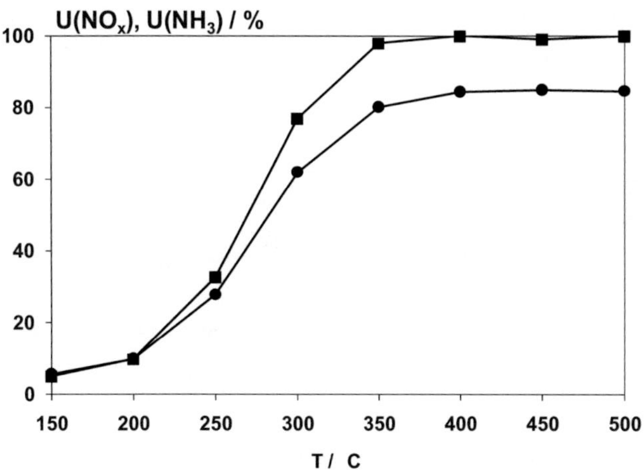


**Abbildung 6-38:** Umsatz an $NO_x$ (●) und $NH_3$ (■) am 1Fe(87)/H-BEA-Wabenkatalysator. „Reale" SCR-Bedingungen (Tabelle 5-4), $\dot{V}$ = 6000 ml/min, RG = 50.000 $h^{-1}$.

Die gemessenen $NO_x$- und $NH_3$-Umsätze für den 1Fe(87)/H-BEA-Wabenkörper und das Vanadiumoxid-Muster sind in Abbildung 6-39 dargestellt. Ergänzend sind die Selektivitäten an $N_2O$ gezeigt. Die Ergebnisse belegen, dass die SCR-Aktivität des 1Fe(87)/H-BEA-Prototyps zwar stets unter denen des $V_2O_5$/$WO_3$/$TiO_2$-Vollkatalysators liegen, hier aber durch eine Optimierung der Beschichtung oder Fe-Beladung noch eine Steigerung in der Aktivität erwartet werden kann. Hinzu kommt beim 1Fe(87)/H-BEA-Katalysator eine durchweg geringe Selektivität an Lachgas.

109

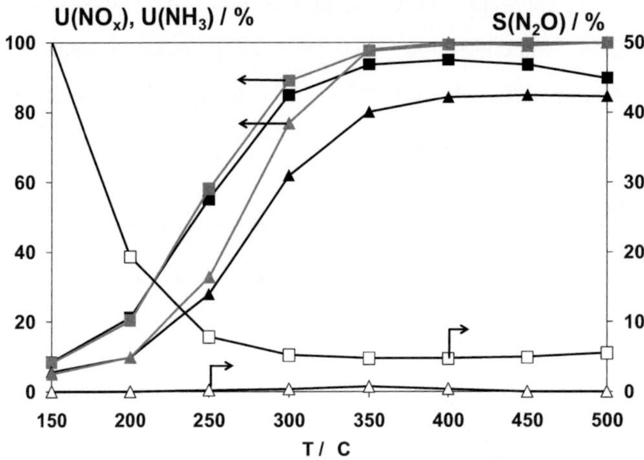


**Abbildung 6-39:** Umsatz an NO$_x$ (—) und NH$_3$ (—) sowie Selektivität an N$_2$O am V$_2$O$_5$/WO$_3$/TiO$_2$-Vollkatalysator (■,■), S(N$_2$O) (□) und am 1Fe(87)/H-BEA-Wabenkatalysator (▲,▲), S(N$_2$O) (△)). „Reale" SCR-Bedingungen (Tabelle 5-4), $\dot{V}$ = 6000 ml/min, RG = 50.000 h$^{-1}$.

Zur weiteren Potenzialabschätzung wird der mit dem 1Fe(87)/H-BEA-Katalysator beschichtete Wabenkörper in einer Gasmischung mit einem NO$_2$/NO$_x$-Konzentrationsverhältnis von 0,5 evaluiert (siehe Abschnitt 6.3.2). Die Ergebnisse sind in Abbildung 6-40 dargestellt. Zum Vergleich sind nochmals die erreichten NO$_x$-Umsätze der Standard-SCR-Experimente mit abgebildet.

Am 1Fe(87)/H-BEA-Wabenkatalysator werden vor allem im Tieftemperaturbereich mit 60 % bei 150 °C bzw. ca. 90 % bei 200 °C vielversprechende NO$_x$-Umsätze erreicht. Unabhängig von zukünftigen Optimierungen weist das Zeolith-System bereits im Stadium des Prototyps eine Effektivität auf, die sehr aussichtsreich für die Anwendung im Diesel-Kraftfahrzeug ist.

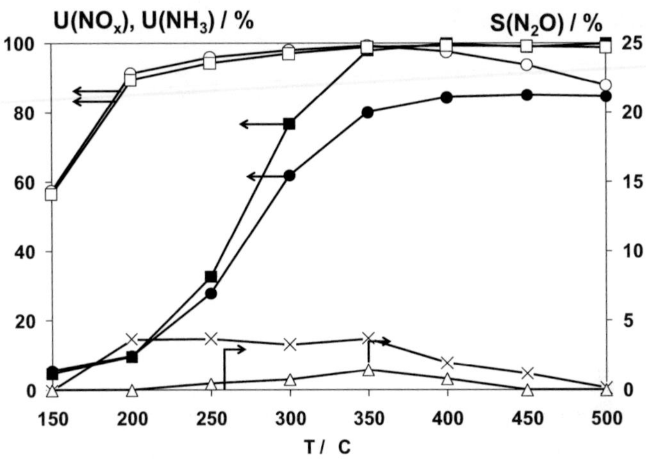



**Abbildung 6-40:** Umsatz an NO$_x$ und NH$_3$ sowie Selektivität an N$_2$O am 1Fe(87)/H-BEA-Wabenkatalysator bei c(NO$_2$)/c(NO$_x$) = 0,5 (U(NO$_x$) (O), U(NH$_3$) (□), S(N$_2$O) ( )) und c(NO$_2$)/c(NO$_x$) < 0,05 (U(NO$_x$) (●), U(NH$_3$) (■), S(N$_2$O) (x)). „Reale" SCR-Bedingungen (Tabelle 5-4), $\dot{V}$ = 6000 ml/min, RG = 50.000 h$^{-1}$.

Da Dieselkraftstoffe in der Europäischen Union bis zu 10 ppm Schwefel enthalten dürfen, ist neben dem Einfluss des molaren NO$_2$/NO$_x$-Verhältnisses und den Komponenten H$_2$O, CO und CO$_2$ auch die Stabilität gegenüber Schwefel von Bedeutung. Zur Abschätzung des Einflusses von Schwefel auf die SCR-Aktivität wurde der 1Fe/H-BEA-Katalysator als Pulver in einer Festbett-schüttung im Integralreaktor in einer Standard-SCR-Gasmischung (Tabelle 5-4, $\dot{V}$ = 500 ml/min, RG = 50.000 h$^{-1}$, m$_{Kat}$ = 200 mg) untersucht. Hierzu wurden 200 mg des 1Fe/H-BEA-Katalysators zuvor bei 300 °C 24 h lang mit einer Gasmischung bestehend aus 20 ppm SO$_2$, 5 Vol.-% O$_2$ und N$_2$ gealtert. Der Gesamtvolumenstrom während der Alterung betrug 2000 ml/min.

Die nach erfolgter SO$_2$-Alterung bei Standard-SCR-Reaktionsbedingungen gemessenen NH$_3$- und NO$_x$-Umsätze sind in Abbildung 6-41 dargestellt.

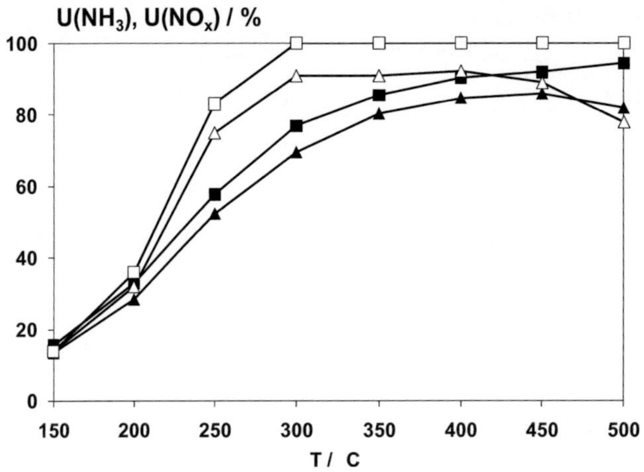


**Abbildung 6-41:** Umsatz an NO$_x$ und NH$_3$ am 1Fe/H-BEA-Pulverkatalysator (U(NO$_x$) ($\triangle$), U(NH$_3$) ($\square$)) und nach SO$_2$-Alterung (U(NO$_x$) ($\blacktriangle$)), U(NH$_3$) ($\blacksquare$)). Standard-SCR-Bedingungen (Tabelle 5-4), $\dot{V}$ = 500 ml/min, RG = 50.000 h$^{-1}$, m$_{Kat}$ = 200 mg.

Ergänzend sind die Umsätze für den unbehandelten 1Fe/H-BEA-Katalysator aufgezeigt. Im Vergleich zum unbehandelten 1Fe/H-BEA-Katalysator (Abbildung 6-16) verringert sich die SCR-Aktivität der mit SO$_x$ gealterten Probe besonders im Bereich von 200 bis 350 °C. Oberhalb 300 °C liegt der NO$_x$-Umsatz mit durchschnittlich 80 % etwa 10 Prozent unterhalb der Vergleichsprobe. Im Unterschied zur unbehandelten Probe wird beim SO$_x$-gealterten Katalysator auch bei Temperaturen deutlich über 300 °C kein vollständiger Umsatz an NH$_3$ erreicht.

## 6.5.2 Untersuchungen im Realabgas

Neben den bereits erwähnten Laborversuchen wurde das 1Fe/H-BEA-Wabenkatalysatorsystem im Diesel-Realabgas auf einem Motorprüfstand untersucht. Hierfür wurden 100 g Pulver gemahlen (d50 = ~5 µm), imprägniert und auf eine aus Cordierit bestehenden Wabenkörper mit den Maßen l = 3" (76,2 mm) und d = 2" (50,8 mm) sowie einer Zelldichte von 300 cpsi aufgebracht. Als Referenz dient ein Cordierit-Wabenkörper mit einer kommerzielle $V_2O_5/WO_3/TiO_2$-Beschichtung. Dieser Träger hat ein Volumen von 2,5 l bei einer Zelldichte von 400 cpsi. Die $NO_x$-Umsätze für beide Katalysatoren sind in Abbildung 6-42 dargestellt.

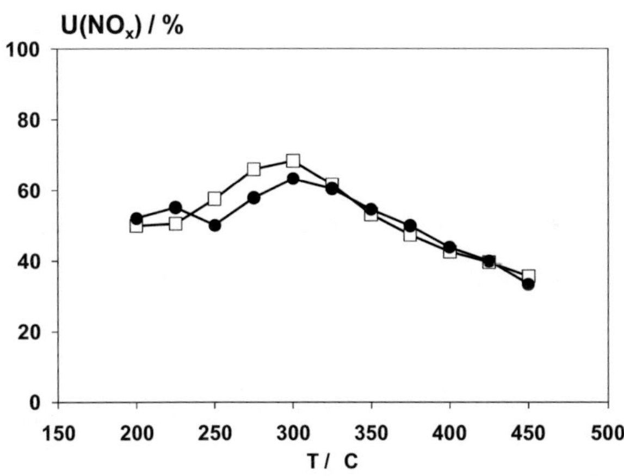


**Abbildung 6-42:** Umsatz an $NO_x$ am 1Fe/H-BEA-Beschichtungssystems (U($NO_x$) (□)) und kommerziellen $V_2O_5/WO_3/TiO_2$-Systems (U($NO_x$) (●)). Bedingungen (Tabelle 5-6).

Beide Katalysatoren werden so in den Abgasstrang implementiert, dass beide Muster die gleiche Raumgeschwindigkeit erfahren; dies erfolgt durch eine Aufspaltung des Abgases in Teilvolumenströme (Abbildung 5-2, Abschnitt 0). Die wässrige Reduktionsmittelvorstufe „AdBlue" wird direkt hinter den Diesel-

Oxidations-Katalysator in den Abgasstrom eingedüst. Die Dosierstrategie wurde so gewählt, dass ein Verhältnis von $c(NO_x)g$ zu $c(NH_3)g$ gleich 1 vorliegt, eine vollständige Aufbereitung des eingesetzten Adblue vorausgesetzt. In Tabelle 5-6 (Abschnitt 0) sind die zu den Betriebspunkten gehörigen Temperaturen, Raumgeschwindigkeiten, Rohemissionen an $NO_x$ wie auch die molaren $NO_2/NO_x$-Verhältnisse dargestellt.

Die Ergebnisse zeigen, dass schon bei 200 °C ein $NO_x$-Umsatz von über 40 % erreicht wird. Im Bereich von 250 bis 350 °C zeigt der Referenz-Katalysator eine geringfügig bessere SCR-Aktivität. Oberhalb 300 °C nimmt die SCR-Aktivität des 1Fe/H-BEA-Katalysators mit steigender Temperatur ab. Da aber auch der $NO_x$-Umsatz des Referenzsystems in gleichem Maße geringer wird, kann diese Abnahme zum einen mit der deutlich größeren Raumgeschwindigkeit und zum anderen mit dem niedrigeren $NO_2/NO_x$-Konzentrationsverhältnis bei höheren Temperaturen erklärt werden.

# 7 Diskussion der experimentellen Ergebnisse

## 7.1 Fe-Spezies der Fe/H-BEA-Katalysatoren

Aus den in Abschnitt 5.1 dargestellten Ergebnissen der Katalysator-charakterisierung geht hervor, dass sich über die Fe-Beladung gezielt der Anteil und die Größe der vorherrschenden Fe-Spezies der Fe/H-BEA-Katalysatoren einstellen lassen. So zeigen die durchgeführten XRD-Untersuchungen (Abbildung 6-4), dass die Muster mit Fe-Beladungen von 2 und 10 Ma.-% eindeutig die dem $\alpha$-$Fe_2O_3$ zuordbaren Signale bei ca. 33 $^\circ$ und 36 $^\circ$ (2$\Theta$) aufweisen. Proben mit Eisengehalten < 2 Ma.-% zeigen ausschließlich die Reflexe des reinen H-BEA-Zeoliths. Dies ist in Übereinstimmung mit XRD-Untersuchungen an Fe-ZSM-5- und Fe-BEA-Proben (Si/Al ~ 32, 0,63 Ma.-% Fe) von Perez-Ramirez et al. [131]. Da Fe-Einheiten mit Größen im unteren nm-Bereich, wie sie in den Zeolithporen (Größe: 0,76 nm · 0,64 nm und 0,55 nm · 0,65 nm, siehe Anhang Abbildung 10-1) vorliegen, keine eindeutigen Reflexe im Röntgendiffraktogramm zeigen (sie sind zu klein), werden oben beschriebene Reflexe größeren kristallinen Strukturen zugeordnet. Es kann davon ausgegangen werden, dass diese $\alpha$-$Fe_2O_3$-Agglomerate auf der äußeren Oberfläche des Zeoliths vorliegen.

Diese Annahme wird durch die BET-Analyse (Tabelle 6-1) gestützt. Kleine Fe-Gehalte bis ca. 1,5 Ma.-% beeinflussen die ermittelten BET-Oberflächen nur geringfügig. Im Gegensatz hierzu ergeben sich bei den Experimenten mit Fe-Beladungen von 2 Ma.-% eine leichte (30 m²/g) bzw. bei 10 Ma.-%-Fe eine starke Abnahme der BET-Oberfläche um etwa 100 m²/g. Ausgehend von den Erkenntnissen der XRD- und BET-Experimente kann geschlussfolgert werden, dass sich an der äußeren Zeolithoberfläche kristalline $\alpha$-$Fe_2O_3$ Einheiten ausbilden, die teilweise die Zeolithporen abdecken und somit zur Verringerung der spezifischen Oberfläche beitragen. Diese partielle Blockierung der Zeolithporen bzw. die Bildung von $Fe_2O_3$-Agglomeraten auf der äußeren Flächen kann auch anhand der nach dem BJH-Modell [143] berechneten Verteilung der Porenvolumina nachgewiesen werden (Abbildung 7-1).

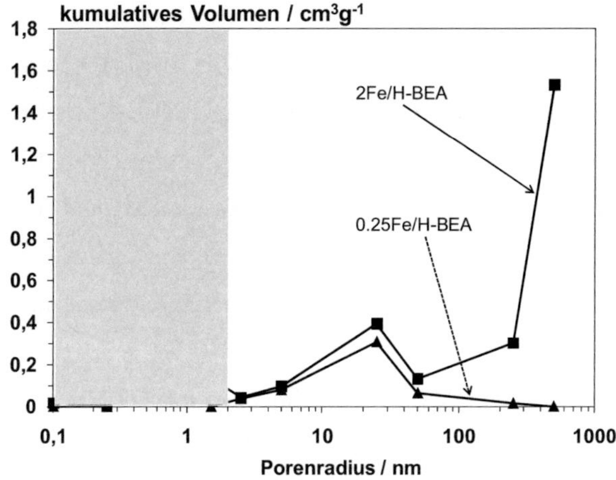


**Abbildung 7-1:** Verteilung der Porenradien nach dem BJH-Modell am 0,25Fe/H-BEA- und 2Fe/H-BEA-Katalysator.

Da das BJH-Modell nur die Erfassung von Meso- und Makroporen erlaubt, der BEA-Zeolith aber eine mikroporöse Struktur (z.B. Zeolithkanäle ~ 5-6 nm) aufweist, können die erfassten Meso- und Makroporen den auf der Zeolithoberfläche vorliegenden Eisenoxidstrukturen zugewiesen werden. Die Diskussion beschränkt sich auf den erfassbaren Meso- und Makroporenbereich, der Mikroporenbereich wird bewusst ausgeblendet, da das Modell zwar ein

Volumen berechnet aber nicht für diesen Porenradienbereich ausgelegt ist. Es ist ersichtlich, dass beim 2Fe/H-BEA-Katalysator der Anteil an Makroporen, im Vergleich zur 0,25Fe/H-BEA-Probe deutlich ansteigt. Diese Zunahme bei den Makroporen beruht wohl hauptsächlich auf der Ausbildung größerer Agglomerate, insbesondere von $\alpha$-$Fe_2O_3$ auf der äußeren Zeolithoberfläche.

Mit Hilfe von HRTEM-Untersuchungen (Abbildung 6-5) können zumindest für Katalysatoren mit einer Fe-Beladung > 2 Ma.-% die auf der äußeren Oberfläche angenommenen Eisenpartikel sichtbar gemacht werden. Im Falle des 2Fe/H-BEA-Zeoliths werden Agglomerate in der Größenordnung von 10-40 nm gefunden, während beim 10Fe/H-BEA-Zeolith die Partikelgrößen bis zu 400 nm erreichen. Bei den Mustern mit geringeren Fe-Beladungen werden keine Agglomerate gefunden. Bei HRTEM-Studien in Höchstauflösung werden die Strukturen durch den energiereichen Elektronenstrahl zerstört. Dadurch können kleinere Fe-Oxo-Strukturen, die möglicherweise auch im Inneren der Zeolithkanäle vorhanden sind, nicht identifiziert werden.

Ergänzend zu den bereits angesprochenen Methoden XRD, BET und HRTEM wird versucht, mittels der temperaturprogrammierten Reduktion durch Wasserstoff (HTPR, Abbildung 6-6) die Unterschiede der Katalysatoren in Bezug auf die Anzahl, Art und Verteilung der während der Präparation gebildeten Eisenoxidspezies herauszuarbeiten. Hierzu wurde vorab anhand des Kriteriums von Monti und Baiker [126] die Wahl der verwendeten Versuchsparameter überprüft. Die Berechnung (Abschnitt 5.2.2, Tabelle 5-5) des Kriteriums zeigt, dass die gewählten Versuchsparameter ausreichend sind. Ausnahmen bilden hier lediglich die 0,25Fe/H-BEA- und 0,5Fe/H-BEA-Proben. Eine weitere Erhöhung der Katalysatoreinwaage war hier aber nicht möglich, da der ansteigende Gegendruck den Durchfluss stark eingeschränkt hätte. Von reinem $\alpha$-$Fe_2O_3$, das in dieser Arbeit als Referenz verwendet wird, ist bekannt, dass eine Reduktion bei niedrigen Temperaturen (360 °C) dem

Übergang des $Fe^{3+}$ zum $Fe^{2+}$ entspricht. Das $H_2$-Verbrauchssignal bei höheren Temperaturen (530 °C) ist hingegen der fortschreitenden Reduktion zum elementaren Eisen zuzuordnen. In Bezug auf die Messung des $\alpha$-$Fe_2O_3$ stimmen die Maxima der Signale und die ihnen zugeordneten Temperaturen mit Literaturangaben sehr gut überein [144, 145].

Die über die Tief- und Hoch-temperatursignale integrierten $H_2$-Verbräuche stehen mit 1,5 µmol und 10,8 µmol in dem für $\alpha$-$Fe_2O_3$ bekannten Verhältnis von 1 zu 8; das ermittelte $H_2$/Fe-Molverhältnis beträgt 1,5 [129]. Die zweite Referenz, der ionen-getauschte Fe-BEA-Zeolith, zeigt ebenfalls ein Tief- und Hochtemperatursignal bei 425 bzw. 590 °C. Diese weisen mit 6,1 µmol und 7,2 µmol ein Verbrauchs-verhältnis von etwa 1:1 zueinander auf. In Übereinstimmung mit HTPR-Untersuchungen an Fe-ZSM-5-Zeolithen [128] deutet das außerordentlich niedrige $H_2$/Fe-Molverhältnis von 0,5 und der große Tieftemperaturpeak bei 425 °C darauf hin, dass der ionengetauschte Fe-BEA-Zeolith über eine hohe Dispersion an isolierten Fe-Spezies und einen sehr geringen Anteil an agglomerierten Fe-Oxo-Strukturen verfügt.

Allgemein werden Signale bei niedrigen Temperaturen in Verbindung mit einem niedrigen $H_2$/Fe-Molverhältnis solchen Eisenspezies zugeordnet, die an den Kanälen des Zeoliths vorliegen. Hingegen deuten Signale bei höheren Temperaturen (> 500 °C) und ein hohes molares $H_2$/Fe-Verhältnis auf eine hohe Agglomeration hin [146, 128]. Die aufgenommenen Signale des Fe/H-BEA-Zeoliths unterscheiden sich deutlich von denen des $\alpha$-$Fe_2O_3$ und des ionen-getauschten Fe-BEA-Zeoliths. Kleinere Schwankungen bei den Messungen, hauptsächlich unterhalb 100 °C, beruhen wohl auf Adsorptions-effekten; diese werden aber bei der Auswertung vernachlässigt. Die Signale sind wegen ihrer breiten Form und ihres fließenden Übergangs schwer zu interpretieren, was aller Voraussicht nach an den Spektren-Überlagerungen der verschiedenen Fe-Oxo-Spezies liegt.

Eine Korrelation der Peaks mit der Reduktion bestimmter Spezies ist nur begrenzt möglich. Die $H_2$/Fe-Relationen der Katalysatoren 10Fe/H-BEA (1,4) und 0,25Fe/H-BEA (1,5) liegen sehr nahe an dem theoretisch erwarteten $H_2$/Fe-Molverhältnis. Durch Vergleich mit der Literatur [144] kann zusammenfassend festgehalten werden, dass bei diesen beiden Proben die Eisenzentren hauptsächlich in Form von $Fe^{3+}$-Oxo-Einheiten vorliegen, während die anderen Proben ($H_2$/Fe =0,9-1,4) zumindest hohe Anteile an $Fe^{3+}$-Spezies besitzen. Mit Bezug auf die zuvor diskutierten HRTEM- und XRD-Ergebnisse wird angenommen, dass die Proben 10Fe/H-BEA und 2Fe/H-BEA zusätzliche Anteile von $\alpha$-$Fe_2O_3$ besitzen. Bei den Katalysatoren mit einem $H_2$/Fe-Molverhältnis unterhalb 1,5 kann nicht aus-geschlossen werden, dass sich eventuell ein größeres Molverhältnis ($H_2$/Fe) durch eine fortschreitende Reduktion bei höheren Temperaturen ($> 950\,°C$) einstellt. Die HTPR-Experimente liefern somit keine eindeutigen Informationen über die vorliegenden Fe-Spezies.

Weitaus aussagekräftigere Ergebnisse und eine genauere Einteilung der Eisenoxid-Spezies werden mit Hilfe der diffusen UV/VIS-Spektroskopie erlangt (Abbildung 6-13). Die erfassten Signale entsprechen elektronischen Übergängen, die entsprechend der Molekülorbitaltheorie (1) bei Elektronenübergängen zwischen den Metall-d-Orbitalen wie sie z.B. innerhalb von oktaedrisch angeordneten $Fe^{3+}$-Kristallen entstehen, oder (2) bei Liganden-Metall-Ladungswechseln (LMCT), wenn ein Elektron von einem reinen (nichtbindenden) Ligand-Orbital (hier: O(2p)) in ein unbesetztes d-Orbital (Fe(3d)) angeregt wird. Die zuerst erwähnten d-Orbitalübergänge sind beim Eisen spinverboten [131], somit beschränkt sich die Untersuchung auf die Liganden-Metall-Ladungswechsel.

Tabelle 7-1 zeigt mögliche Elektronen-Übergänge und die dazugehörige Wellenlänge für eine oktaedrische ($[Fe^{3+}O_6]_9{}^-$) bzw. für eine tetraedrische ($[Fe^{3+}O_4]_5{}^-$)-Struktur, die aus theoretischen Berechnungen erhalten wurden [121, 147].

**Tabelle 7-1:** Berechnete UV/VIS-Banden für eine oktaedrische $[Fe^{3+}O6]9^-$-Struktur [148, 131, 132, 149] und für eine tetraedrische $[Fe^{3+}O4]5^-$-Struktur [121, 147].

| $[Fe^{3+}O_6]^{9-}$ | Wellenlänge | | $[Fe^{3+}O_4]^{5-}$ | Wellenlänge | |
|---|---|---|---|---|---|
| $6t_1u \rightarrow 4e_g$ | 192 | LMCT | $1t_1 \rightarrow 2e$ | 245 | LMCT |
| $1t_2u \rightarrow 2t_{2g}$ | 233 | LMCT | $2e_\alpha \rightarrow 2e_\beta$ | 385 | LMCT |
| $6t_1u \rightarrow 2t_{2g}$ | 263 | LMCT | $6t_{2\alpha} \rightarrow 6t_{2\beta}$ | 435 | LMCT |
| $2t_{2g\alpha} \rightarrow 2t_{2g}$ | 345 | LMCT | | | |
| $4e_{2\alpha} \rightarrow 4e_g$ | 400 | LMCT | | | |

Die Banden des LMCT-Übergangs sollten demnach für die $Fe^{3+}$-Spezies bei 233, 263, 345 und 400 nm, entsprechend den 1t2u$\rightarrow$2t2g, 6t1u$\rightarrow$2t2g, 2t2g$\alpha$$\rightarrow$2t2g und 4e2$\alpha$$\rightarrow$4eg Übergängen, auftreten. Da die Banden nicht sprunghaft auftreten, sondern vielmehr mit weichen Übergängen ineinander übergehen, ist eine eindeutige Zuordnung schwierig. Durch die Dekonvolution mit Gausskurven werden die Banden in die von Perez-Ramires et al. [131] vorgeschlagenen Bereiche für Fe-Oxo Einheiten, (a) isolierte tetraedrische und oktaedrische $Fe^{3+}$-Zentren ($\lambda < 300$ nm), (b) oligomere FexOy-Cluster bzw. durch den Sauerstoff verbrückte binuklide $Fe^{3+}$-Spezies (z.B. [HO-Fe-O-Fe-OH]$^{2+}$, $\lambda = 300\text{-}400$ nm) und (c) nanoskalige agglomerierte Strukturen ($\lambda > 400$ nm), unterteilt.

Die Zuordnung der Fe-Spezies mittels Dekonvolution ist eine starke Vereinfachung, die zudem keine strikte Trennung der Wellenlängen-Bereiche beinhaltet. Des Weiteren impliziert dieses Vorgehen gleiche Absorptions-koeffizienten der Fe-Spezies; da die Fläche der UV/VIS-Banden aber linear mit dem Fe-Gehalt zunimmt, kann diese Theorie als gerechtfertigt angesehen werden (Abbildung 10-10, Anhang). Eine Ausnahme bildet lediglich der deutlich rot gefärbte 10Fe/H-BEA-Zeolith, welcher gegenüber den anderen Proben eine geringere Reflektivität aufweist. Die getroffenen Annahmen decken sich auch gut mit den in der Literatur zitierten Werten für Fe-Oxo-Spezies in Tabelle 7-2 [148, 150, 151, 114].

**Tabelle 7-2:** Beschreibung der erhaltenen Subbanden im UV/VIS-Spektrum.

| $\lambda$ / nm | Beschreibung | Bezeichnung |
|---|---|---|
| ~ 240 | Isolierte $Fe^{3+}O_4$-Spezies in tetra. Koordination | $Fe_{iso}$ |
| ~ 290 | $Fe^{3+}O_4^{+x}$-Spezies in okt. Koordination (x = 1, 2) | $Fe_{iso}$ |
| 300 - 400 | Kleine oligomere FexOy-Spezies in den Poren | $Fe_{oligo}$ |
| > 400 | $Fe_2O_3$-Partikel in der Größenordnung nm | $Fe_{part}$ |
| > 500 | $Fe_2O_3$-Partikel als Agglomerate | $Fe_{part}$ |

Trotz dieser Annahmen stellt diese Kategorisierung eine vernünftige Grundlage zur detaillierten Interpretation der UV/VIS-Ergebnisse dar. Auf Grundlage dieser Einteilung und der im Anhang in Tabelle 10-7 aufgelisteten Bandenmaxima der durch Dekonvolution erhaltenen Subbanden der Fe/H-BEA-Katalysatoren kann festgehalten werden, dass die Proben mit geringem Fe-Gehalt (0,02 und 0,1 Ma.-%) Banden aufweisen, die ausschließlich isolierten Zentren zuzuordnen sind. Mit wachsender Fe-Beladung treten auch Banden von oligomeren Spezies auf, die ihr Maximum mit ca. 59 % bei einer Beladung von 1 Ma.-% Fe besitzen. Agglomerierte Eisenoxid-Einheiten werden in geringem Maße (< 7 Ma.-%) erstmals beim 0,5Fe/H-BEA gefunden. Mit steigender Fe-Beladung nimmt ihr Anteil aber zu, und sie verdrängen zunehmend die isolierten und oligomeren Spezies. Beim 10Fe/H-BEA-Muster bilden die partikulären Einheiten die dominierende Spezies (65 %). Die Güte, d.h. das Bestimmtheitsmass R2 der Dekonvolution, liegt bei allen Proben über

0,99. Abbildung 7-2 zeigt nochmals die prozentualen Anteile der unterschiedlichen Fe-Einheiten der untersuchten Fe/H-BEA-Katalysatoren.

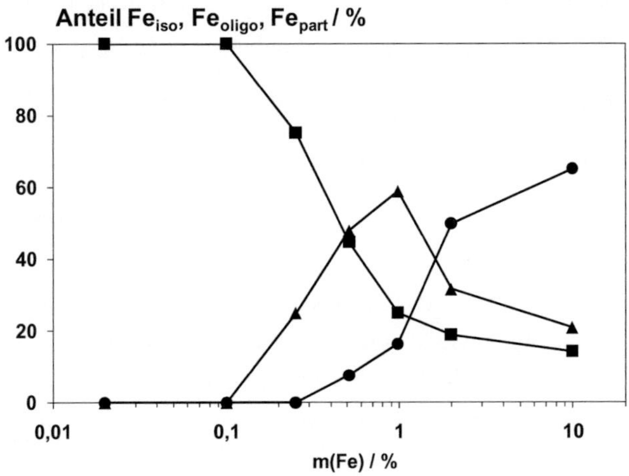


**Abbildung 7-2:** Anteil an Feiso(■), Feoligo(▲) und Fepart(●) am gesamten Fe-Gehalt.

Die Resultate der UV/VIS-Messungen sind konsistent mit den zuvor getroffenen Annahmen, dass die Eisen-Oxo-Spezies bei geringer Beladung hochdispers auf dem Zeolith vorliegen, während mit steigendem Fe-Gehalt die Dispersion abnimmt; es entstehen dann zunächst oligomere Cluster und bei weiterer Erhöhung der Fe-Beladung Agglomerate. Diese partikulären Einheiten mit einer Größe von 10 bis 40 nm konnten beim 2Fe/H-BEA-Katalysator und beim 10Fe/H-BEA-Katalysator auch durch XRD- und HRTEM-Experimente nachgewiesen werden.

Als weitere Methode zur Identifizierung der Fe-Einheiten wird die Mößbauerspektroskopie herangezogen (Abbildung 6-7 - Abbildung 6-12). Die Durchführung der Messungen erfolgt sowohl bei Raumtemperatur als auch bei 78 K, um auch die dispers vorliegenden Fe-Partikel besser erfassen zu können.

122

Im Gegensatz zur $\alpha$-$Fe_2O_3$-Referenz und der Fe-BEA-Probe weist der 1Fe/H-BEA-Katalysator eine hohe Heterogenität der Fe-Spezies auf, was sich im komplexen Spektrum und der Vielzahl der zur Beschreibung des Signals erforderlichen Multipletts (Dubletts und Sextetts) äußert. Die Spektren und die zugehörigen Parameter sind in Abschnitt 6.2.1 abgebildet. Die in der Literatur [104] für magnetische Strukturen erhaltenen Mößbauerspektren beziehen sich größtenteils auf kristalline $\alpha$-$Fe_2O_3$-Proben. Zum besseren Vergleich wurde ein Spektrum von $\alpha$-$Fe_2O_3$ aufgenommen, es zeigt bei 78 K (295 K) das erwartete Sextett-Signal mit einer Isomerieverschiebung von + 0,47 mm/s (+ 0,36 mm/s), einer Quadropolaufspaltung bei + 0,39 mm/s (- 0,24 mm/s) und einer magnetischen Feinaufspaltung von 54 (51,6) Tesla. Diese mittels Mößbauerspektroskopie erhaltenen Parameter sind charakteristisch für $\alpha$-$Fe_2O_3$-Partikel mit einer Größe über 15 nm [128, 130]. Die beim ionengetauschten Fe-BEA-Zeolith bei 78 K erhaltenen Dubletts mit einer Isomerieverschiebung im Bereich von 0,35 bis 0,36 mm/s und einer Quadropolaufspaltung von 0,64 bis 1 mm/s lassen sich hingegen oktaedrischen $Fe^{3+}$-Spezies in „high-spin" Elektronenkonfiguration zuordnen.

Da am 1Fe/H-BEA-Katalysator bei 78 K sowohl Dublett- als auch Sextett-Unterbanden auftreten, erweist sich die eindeutige Zuordnung spezifischer Eisenoxid-Verbindungen als äußerst schwer. Aus den DR-UV/VIS-Experimenten ist bekannt, dass weniger als 20 % der Fe-Einheiten agglomerierten Strukturen zugeordnet werden können. Des Weiteren belegen die HRTEM-Aufnahmen, dass die partikulären Fe-Oxo-Einheiten im Größenbereich < 15 nm liegen. Obwohl die bei 78 K am 1Fe/HBEA-Katalysator erhaltenen Isomerieverschiebungen der Sextett-Signale mit denen der $\alpha$-$Fe_2O_3$-Referenz gut übereinstimmen, ist die Quadropolaufspaltung viel zu gering, um diese dem thermodynamisch bevorzugten $\alpha$-$Fe_2O_3$ zuordnen zu können. Ein Vergleich mit Literaturangaben bei 78 K [128] legt den Schluss nahe, dass das

Sextett-Signal (33 %) mit der Isomerieverschiebung von + 0,47 mm/s $Fe(OH)_3$-Strukturen sowie das Sextett (32 %) mit einer Isomerieverschiebung von + 0,44 mm/s Fe(O)OH-Einheiten zugeordnet werden kann. Da beide Sextetts eine deutliche Hyperfeinaufspaltung aufweisen, werden diese Strukturen superparamagnetischen Partikeln zugeschrieben, die eine Größe von unter 15 nm haben [152]. Die hierfür vorausgesetzte Anwesenheit von Hydroxiden in der Struktur kann durch die mögliche Hydroxylierung der Eisen-Oxo-Spezies mit Hilfe von Wasserdampf aus der Atmosphäre erklärt werden; dieser Prozess ist von oxidischen Strukturen bekannt [153, 154]. Das Sextett-Signal mit einer Isomerieverschiebung von 0,54 mm/s leistet mit einem Anteil von 1 % keinen nennenswerten Beitrag zum Spektrum bei 78 K. Die bei 295 K erhaltenen Mößbauerspektren des 1Fe/H-BEA-Katalysators unterscheiden sich deutlich von den Spektren bei 78 K. Die Dekonvolution (R2 = 0,96) liefert hier drei Unterbanden als Dublett. Die Dublett-Subbanden bei der 1Fe/H-BEA-Probe als auch beim ionengetauschten Fe-H-BEA-Katalysator deuten auf hoch disperse oktaedrisch koordinierte $Fe^{3+}$-Spezies ohne magnetische Ausrichtung hin. Unter Berücksichtigung der Tabelle 10-8 im Anhang können die Dubletts mit einer Isomerieverschiebung von 0,33 und 0,34 mm/s sowie einer Quadropolaufspaltung von 1,31 bzw. 0,94 mm/s ebenfalls $Fe^{3+}$-Strukturen in „high-spin"-Konfiguration zugeordnet werden. Das Dublett mit einer Isomerieverschiebung von 0,35 mm/s und einer Quadropolaufspaltung von 0,59 mm/s wird $Fe(OH)_3$-Strukturen zugeordnet. Iwasaki et al. [155] weisen ähnliche Parameter bei der Mößbauerspektroskopie von Fe-ZSM-5-Proben bei 300 K paramagnetischen Fe-Einheiten zu. Der beobachtete Verlust der Sextett-Signale liegt in den superparamagnetischen Eigenschaften dieser Spezies begründet. Dies impliziert einen Verlust an magnetischer Struktur bei auftretenden thermischen Fluktuationen. Das heißt, die thermische Energie bei Umgebungsbedingungen reicht aus, um die Richtung des magnetischen Moments der Spezies zu ändern.

Dieses Verhalten wird von Partikeln in der Größenordnung einiger Nanometer und darunter berichtet [113]. Außerdem verlagern sich die für die Isomerieverschiebung ermittelten Größen auf Grund des überlagerten Doppler-Effektes 2. Ordnung bei den Untersuchungen bei 293 K zu niedrigeren Werten hin [104]. Des Weiteren kann festgehalten werden, dass auf Grund der nicht detektierten $Fe^{2+}$-Spezies bei der Mößbauerspektroskopie sowohl bei 78 als auch bei 295 K die UV/VIS-Signale mit hoher Wahrscheinlichkeit auf LMCT-Übergängen der $Fe^{3+}$-Spezies beruhen. Ferner werden die UV/VIS-Signale für $Fe^{2+}$-LMCT Übergänge im Bereich von Wellenlängen über 550 nm erwartet.

Bevor die Ergebnisse von UV/VIS- und Mößbauerspektroskopie verglichen werden, muss abermals der Hinweis erfolgen, dass die Klassifizierung der UV/VIS-Banden (Gausskurven) auf keinem physikalisch-chemischen Modell basiert, sondern auf einer empirisch sinnvollen Unterteilung. Ungeachtet dessen ist aber eine mit Bedacht durchgeführte quantitative Korrelation der unterschiedlichen Spektren möglich. So liegt z.B. der Anteil der superparamagnetischen Einheiten im Sextett-Signal des bei 78 K gemessenen Mößbauerspektrums der 1Fe/H-BEA-Probe bei 68 %. Diese Fe-Strukturen besitzen eine maximale Größe um bzw. unterhalb 15 nm und sind somit den partikulären Einheiten, die aus den DR-UV/VIS-Spektren abgeleitet werden, zugeordnet. Die Dekonvolution des UV/VIS-Spektrums der 1Fe/H-BEA-Probe hingegen weist nur einen Anteil von 16 % für diese stark agglomerierten Strukturen aus. Neben den partikulären Einheiten können aber auch oligomere Spezies superparamagnetische Eigenschaften aufweisen. Werden die Anteile von oligomeren und partikulären Spezies des UV/VIS-Signals zusammengefasst, ergibt sich ein Anteil von 74 %, welcher in der Nähe des durch die Mößbauerspektroskopie gefundenen Anteils von 68 % für superparamagnetische Fe-Spezies liegt. Davon ausgehend, dass die im UV/VIS-Signal identifizierten hoch dispersen Fe-Spezies keine eindeutige magnetische Ausrichtung besitzen, wird diese

Unterbande den Dublett-Signalen im Mößbauerspektrum zugeordnet. Diese Interpretation wird durch die ähnlichen prozentualen Anteile bei den beiden Spektroskopiemethoden unterstützt, bei der DR-UV/VIS-Spektroskopie werden hierfür 26 % und bei der Mößbauerspektroskopie 32 % erhalten. Da die DR-UV/VIS-Untersuchungen bei 295 K erfolgten, ist es ferner angebracht, diese auch mit den Mößbauerspektroskopie bei 295 K zu vergleichen. Da bei dieser Temperatur kein Sextett erhalten wurde, es trat ausschließlich bei 78 K auf, kann davon ausgegangen werden, dass eventuell vorhandene partikuläre Strukturen nur im Bereich weniger nm und darunter existieren und somit nicht als solche durch die Mößbauerspektroskopie gemessen werden [152]. Hieraus ergibt sich, dass die bei der UVVIS-Spektroskopie ermittelten Anteile an partikulären Fe-Spezies bei der Mößbauer-Spektroskopie zu den oligomeren Fe-Spezies gerechnet werden müssen. Diese Verschiebung der Mengenverhältnisse macht sich auch bei den isolierten Spezies bemerkbar, ihr Anteil wird somit auch größer. Die Dubletts mit einer Isomerieverschiebung von 0,33 mm/s und 0,34 mm/s werden hierbei den isolierten Fe-Spezies zugeordnet, ihr prozentualer Anteil beträgt ca. 50 % (Tabelle 6-2, Abschnitt 6.2.1.). Das Dublett mit einer Isomerieverschiebung von 0,35 mm/s wird den oligomeren Fe-Spezies zugeordnet. Der Vergleich zwischen Mößbauer- und DR-UV/VIS-Spektroskopie bei 295 K der 1Fe/H-BEA-Probe ergibt auf Grund der vermuteten Zuordnung der partikulären dispersen Fe-Oxo-Einheiten zu den oligomeren Fe-Strukturen keinen schlüssigen Vergleich. Dem Flächenanteil an isolierten Fe-Einheiten von 25 % bei der UV/VIS-Spektroskopie stehen 49 % aus der Mößbauerspektroskopie gegenüber. Bei den oligomeren Fe-Strukturen ergeben sich Anteile von 59 % und 51 %. Die Gegenüberstellung deutet ebenfalls darauf hin, dass sich die erfassten Mößbauersignale hin zu oligomeren und isolierten Fe-Einheiten verschieben. Es ist ersichtlich, dass die Gegenüberstellung der Mößbauer- und DR-UV/VIS-Spektroskopie zwar mit

126

Bedacht interpretiert werden muss, aber dennoch eine physikalische, chemische und quantitative sinnvolle Charakterisierung der Fe-Oxo-Spezies erlaubt.

Diese Erkenntnisse werden durch die XANES-Untersuchung (Abschnitt 6.4.4) am 0,25Fe/H-BEA-Katalysator, die analog den UV/VIS-Experimenten bei Raumtemperatur, aber auch bei 250 °C durchgeführt werden, bestätigt. Hierbei wird die Fe-K$\alpha$-Kante, die dem 1s $\rightarrow$ 3d Orbitalübergang entspricht, untersucht. Das bei Raumtemperatur aufgenommene Spektrum (Abbildung 6-35) der Fe-K$\alpha$-Vorkante weist ein Maximum bei 7114,6 eV auf, was typischerweise auf $Fe^{3+}$-Spezies in tetraedrischer oder oktaedrischer Koordination hinweist. Untersuchungen von Berlier et al. [156] und Galoisey et al. [157] an tetraedrisch ($FePO_4$) bzw. oktaedrisch ($\alpha$-$Fe_2O_3$, $Ca_3Fe_2Si_3O_{12}$) koordinierten $Fe^{3+}$-Zentren im Bereich der Fe-K$\alpha$-Vorkante bestätigen die Zuordnung bei ca. 7114 eV. Bei 250 °C hingegen wird das Maximum zu leicht niedrigeren Energien verschoben und es bildet sich eine deutliche Schulter bei ca. 7112 eV, was auf tetraedrisch und oktaedrisch koordinierte $Fe^{2+}$-Zentren hinweist [156, 141]. Dieses Verhalten kann dahin gehend interpretiert werden, dass durch die Dehydrolysierung einzelner Fe-Oxo-Zentren diese reduziert werden und sich $Fe^{2+}$-Kationen bilden. Die für die Dehydrolysierung nötigen OH-Strukturen wurden durch die Mößbauerspektroskopie am verwandten 1Fe/H-BEA-Katalysator nachgewiesen. Eine Desorption von $O_2$ ist ebenfalls denkbar und führt zu $Fe^{2+}$-Zentren. Durch das Einleiten eines $O_2$/$N_2$-Gasgemisches (Tabelle 6-8) werden diese $Fe^{2+}$-Kationen reoxidiert, die Adsorptionskante erscheint wieder bei 7114,5 eV (Abbildung 6-36). Ein anschließender Wechsel zu reduktiven Bedingungen ($NH_3$/$N_2$), bewirkt eine Abnahme der Intensität dieser Bande, unter erneuter Bildung einer Schulter bei 7112 eV. Zu gleichen Ergebnissen kommen Hensen et al. [158] unter Verwendung einer NO-, $O_2$- und $H_2$-haltigen Atmosphäre an Fe-ZSM-5-Proben. Hieraus kann gefolgert werden, das $NH_3$ eindeutig an $Fe^{3+}$-Zentren adsorbiert, wahrscheinlich über das freie Elektronenpaar des Stickstoffs. Weiterhin ist es möglich, dass es wie bei [61] diskutiert, zur Abspaltung eines H-Atoms des $NH_3$ kommt, unter Bildung von $Fe^{2+}$-$NH_2$- und H+-Spezies. Diese Anwesenheit von $Fe^{2+}$-Spezies setzt aber einen vollständigen Transfer eines Elektrons voraus. Durch die nachfolgende Exposition des 0,25Fe/H-Katalysators mit einer $NO/N_2$-Gasmischung verlagert sich die Kante wieder hin zu 7114 eV, die zuvor beobachtete Schulter bei 7112 eV verschwindet (Abbildung 6-36). NO reoxidiert somit die entstandenen $Fe^{2+}$- zu $Fe^{3+}$-Spezies. In einem weiteren Experiment wird eine Standard-SCR-Gasmischung über den Katalysator geleitet. Da diese zu großen Teilen Sauerstoff (5 Vol.-%) enthält und geringe Volumenanteile an NO aufweist, ist zu vermuten, dass die Fe-Zentren hauptsächlich durch $O_2$ oxidiert werden. Eventuell kann diese Oxidation auch durch am Katalysator entstandenes $NO_2$ stattfinden. Entgegen der angestellten Vermutung erscheint die Adsorptionskante unter Standard-SCR-Bedingungen aber unterhalb 7114 eV mit einer deutlich ausgeprägten Schulter bei 7112 eV. Hieraus kann geschlossen werden, dass selbst in einer sehr Sauerstoffreichen SCR-Atmosphäre einige der vorhandenen Fe-Spezies in einem reduzierten Zustand vorliegen. Dies geschieht, wie oben erwähnt, vermutlich durch die Adsorption von $NH_3$ an $Fe^{3+}$-Spezies oder durch die H-Abspaltung am Ammoniak. Da zwar unter reduzierenden Bedingungen eine Verlagerung hin zu $Fe^{2+}$-Spezies beobachtet werden kann, diese Schulter aber nicht dominiert, ist anzunehmen, dass die zuvor bei der Präparation entstandenen Fe-Einheiten größtenteils als $Fe^{3+}$-Oxo-Zentren vorliegen.

## 7.2 SCR-Aktivität der Fe/H-BEA-Katalysatoren und Korrelation mit den vorhandenen Fe-Spezies

Zur Beurteilung der eingesetzten Katalysatoren werden sowohl die Umsätze an $NO_x$ und $NH_3$ als auch die scheinbare „Turnover Frequency" unter Standard SCR-Bedingungen herangezogen. Ferner wird versucht, den im vorherigen Abschnitt 7.1 diskutierten Fe-Einheiten eine spezifische SCR-Aktivität zuzuordnen. Abbildung 7-3 zeigt die für die Temperaturen 150 bis 350 °C ermittelten $NO_x$-Umsätze der Fe/H-BEA-Proben in Abhängigkeit der Fe-Gehalte. Ergänzend sind die $NO_x$-Umsätze für die Temperaturen 400 bis 500 °C in Abbildung 7-4 dargestellt.

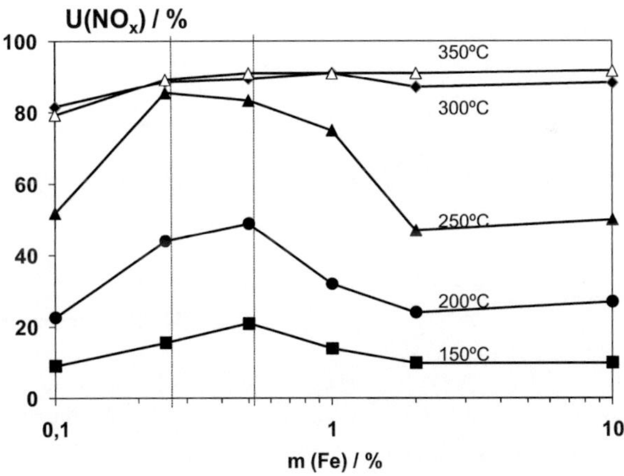


**Abbildung 7-3:** Umsatz an $NO_x$ bei den Temperaturen 150 bis 350 °C in Abhängigkeit von der Fe-Beladung der Fe/H-BEA-Katalysatoren. Senkrechte Linien verdeutlichen die Messwerte der 0,25 und 0,5Fe/H-BEA-Katalysatoren.

Es wird deutlich, dass die Katalysatoren mit Beladungen von 0,25 und 0,5 Ma.-% Fe die höchsten $NO_x$-Umsätze sowohl im Bereich tiefer (< 300 °C) als auch hoher Temperaturen (> 350 °C) zeigen. Der $NO_x$-Umsatz dieser Katalysatoren beträgt etwa 45 % bei 200 bzw. 85 % bei 250 °C. Im Bereich höherer Temperaturen liegen die $NO_x$-Konversionen durchweg über 90 %. Oberhalb 300 °C zeigen zusätzlich auch der 1Fe/H-BEA- und 2Fe/H-BEA-Katalysator einen der 0,25Fe/H-BEA-Probe vergleichbaren Umsatz an $NO_x$. Der reine H-BEA-Zeolith weist unterhalb von 400 °C eindeutig die geringste SCR-Aktivität auf (Abschnitt 6.2.3, Abbildung 6-16), dennoch erhöht sich auch hier der $NO_x$-Umsatz kontinuierlich mit steigender Temperatur.

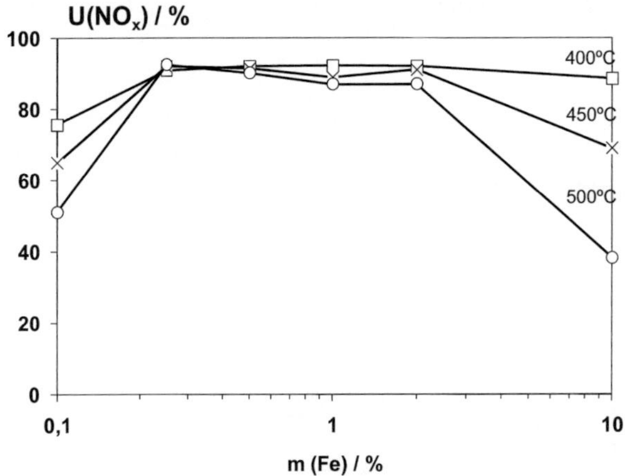


**Abbildung 7-4:** Umsatz an $NO_x$ bei den Temperaturen 400 bis 500 °C in Abhängigkeit von der Fe-Beladung der Fe/H-BEA-Katalysatoren.

Eine neuere Studie an Fe-ZSM-5-Zeolithen [159], bei der die Fe-Beladungen von 0 bis 5 Ma.-% variiert werden, zeigt einen ähnlichen Verlauf der SCR-Aktivität beginnend mit dem reinen H-ZSM-5-Zeolith. Die höchste SCR-Aktivität wird dort bei Proben mit einer Fe-Beladung von 2 und 2,6 Ma.-% beobachtet. Bei Fe-Gehalten oberhalb 2,6 Ma-% verringern sich die $NO_x$-

Umsätze wieder. Die Beladung an Fe liegt zwar über denen der hier untersuchten Fe/H-BEA-Katalysatoren, doch ist der Trend zu einer optimalen Fe-Beladung auch am Fe-ZSM-5-Träger sehr deutlich zu beobachten.

Die ausgesprochen guten $NO_x$-Umsätze bei den Fe/H-BEA-Katalysatoren mit geringem Fe-Gehalt (< 1 Ma.-%) werden den hohen Anteilen an isolierten und oligomeren Fe-Oxo-Spezies zugeordnet. Die Zuordnungen beziehen sich auf die aus der DR-UV/VIS-Spektroskopie erhaltenen prozentualen Anteile an Subbanden für die jeweiligen Fe-Spezies.

Wird anstelle des $NO_x$-Umsatzes, die SCR-Aktivität ausschließlich auf die ermittelten TOF-Werte bezogen, zeigt sich die herausragende SCR-Aktivität der isolierten Fe-Einheiten. Abbildung 7-5 zeigt die TOF-Werte für 150, 200 und 250 °C in Bezug auf die aus der DR-UV/VIS-Spektroskopie erhaltenen Anteile an Fe-Spezies.

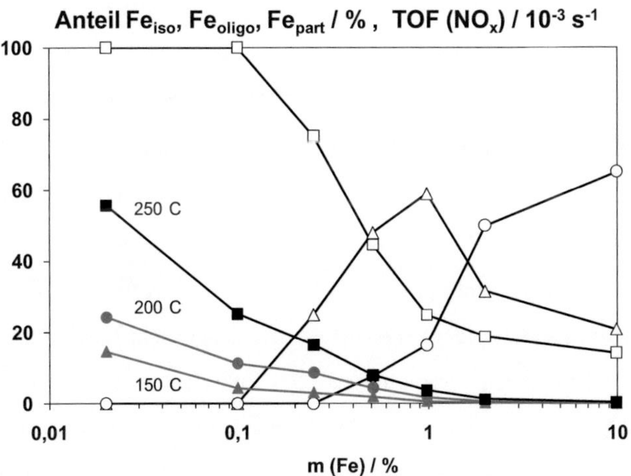


**Abbildung 7-5:** Prozentuale Anteile an isolierten (□), oligomeren (△) und partikulären Fe-Spezies (○) im Vergleich zu den TOF-Werten bei 150 (▲), 200 (●) und 250 °C (■). Standard-SCR-Bedingungen (Tabelle 5-4), $\dot{V}$ = 500 ml/min, RG = 50.000 h$^{-1}$, $m_{Kat}$ = 200 mg.

Die TOF-Werte sind im Anhang in Tabelle 10-5 aufgelistet. Sie werden ausschließlich für die Temperaturen von 150, 200 und 250 °C angegeben, da oberhalb 300 °C die SCR-Reaktion durch den vollständigen Umsatz an $NH_3$ limitiert wird und die Aussagekraft der TOF-Werte somit nicht mehr gegeben ist. Beim erneuten Blick auf die $NO_x$-Umsätze in Abbildung 7-3 und Abbildung 7-4 wird deutlich, dass die Proben mit Fe-Gehalten über 2 Ma.-% im gesamten Temperaturbereich eine geringere SCR-Aktivität als die 0,25Fe/H-BEA- und 0,5Fe/H-BEA-Proben zeigen, insbesondere aber bei 450 und 500 °C. Dieses Verhalten beruht wohl auf den großen Anteilen an partikulären Fe-Einheiten bei diesen Katalysatoren, wie Abbildung 7-5 zeigt besitzen die Katalysatoren mit hohen Fe-Beladungen eine deutlich geminderte spezifische SCR-Aktivität (TOF) gegenüber den Katalysatoren mit überwiegend oligomeren und isolierten Fe-Spezies. Des Weiteren ist aus den in Abschnitt 6.2.3 dokumentierten SCR-Experimenten bekannt, dass oberhalb von 400 °C die $NO_x$-Umsätze abnehmen (Abbildung 6-16), während die Verbräuche an $NH_3$ konstant bleiben (Abbildung 6-17), was auf eine zunehmende $NH_3$-Oxidation hinweist.

Die Abnahme der $NO_x$-Konversion fällt bei der 10Fe/H-BEA-Probe am deutlichsten aus: ausgehend von etwa 90 % bei 400 °C verringert sich der $NO_x$-Umsatz auf etwa 40 % bei 500 °C. Ein möglicher Grund hierfür kann einerseits die mit steigenden Temperaturen zunehmende $NH_3$-Oxidation an den Fe/H-BEA-Katalysatoren sein. Andererseits ist es nicht ausgeschlossen, dass an den mehrheitlich vorhandenen partikulären Fe-Einheiten die $NH_3$-Oxidation bevorzugt abläuft. Zur Erörterung werden die bei der $NH_3$-Oxidation erreichten $NH_3$-Umsätze in Bezug auf die vorhandenen Fe-Spezies in Abbildung 7-6 dargestellt.

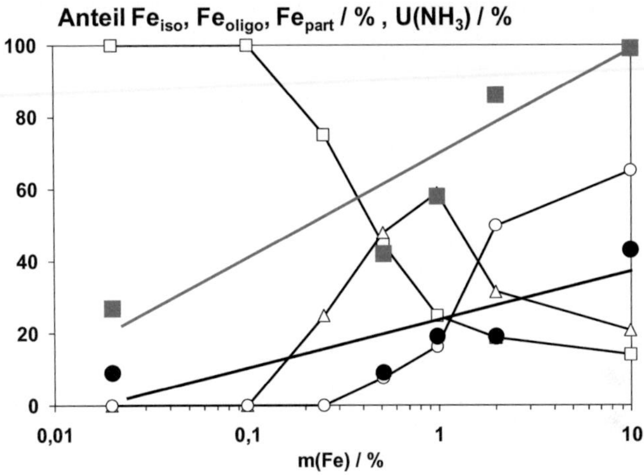


**Abbildung 7-6:** Darstellung des Zusammenhangs zwischen prozentualem Anteil an isolierten ($\square$), oligomeren ($\triangle$) und partikulären Fe-Spezies ($\bigcirc$) und den $NH_3$-Umsätzen bei 350 ($\bullet$) und 450 °C ($\blacksquare$) sowie die zugehörigen Trendlinien (—) und (—). $NH_3$-Oxidationsbedingungen (Tabelle 5-4), $\dot{V}$ = 500 ml/min, RG = 50.000 $h^{-1}$, $m_{Kat}$ = 200 mg.

Die Ergebnisse sind exemplarisch für die Temperaturen 350 und 450 °C aufgezeigt; die Tendenz ist aber auf den gesamten Bereich oberhalb 250 °C übertragbar. Somit können die Fe/H-BEA-Katalysatoren in ihrer Wirksamkeit bei der $NH_3$-Oxidation in eine (eindeutige) Reihenfolge gebracht werden: H-BEA < 0,5Fe/H-BEA < 1Fe/H-BEA < 2Fe/H-BEA < 10Fe/H-BEA. Es wird deutlich, das an den partikulären Fe-Einheiten die Oxidation von $NH_3$ bevorzugt abläuft. Eine Ausnahme bildet hier lediglich der 0,25Fe/H-BEA-Katalysator der obwohl er ausschließlich isolierte und oligomere Fe-Spezies aufweist, eine der 10Fe/H-BEA-Probe vergleichbare Aktivität besitzt, vergleiche Abbildung 6-14.

Hinsichtlich der ebenfalls untersuchten NO-Oxidation an den Fe/H-BEA-Katalysatoren kann eine eindeutige Zuordnung von Aktivität zu Fe-Spezies nicht getroffen werden (Abbildung 6-15). Die Reaktion von NO zu $NO_2$ scheint bei allen Temperaturen unabhängig von den vorhandenen Fe-Einheiten zu sein. Alle Fe/H-BEA-Muster zeigen im Bereich von 250 bis 400 °C sehr ähnliche $NO_2$-Ausbeuten. Oberhalb von 400 °C werden die Umsätze durch das thermodynamische Gleichgewicht von NO und $O_2$ beschränkt. In Abbildung 7-7 sind beispielhaft die für die Temperaturen 250 und 350 °C ermittelten $NO_2$-Ausbeuten bei der $NO_x$-Oxidation in Bezug auf die vorhandenen Fe-Spezies dargestellt.

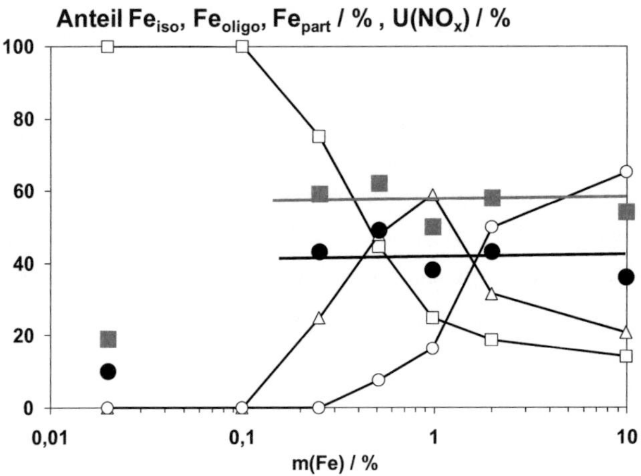


**Abbildung 7-7:** Darstellung des Zusammenhangs zwischen prozentualem Anteil an isolierten (□), oligomeren (△) und partikulären Fe-Spezies (○) und den $NO_x$-Umsätzen bei 250 (●) und 350 °C (■) sowie die zugehörigen Trendlinien (—) und (—). $NO_x$-Oxidationsbedingungen (Tabelle 5-4), $\dot{V}$ = 500 ml/min, RG = 50.000 $h^{-1}$, $m_{Kat}$ = 200 mg.

Verantwortlich für die vergleichsweise schlechte Aktivität am 0,02Fe/H-BEA-Katalysator, ist wohl die sehr geringe Fe-Beladung. Zusammenfassend kann gesagt werden, dass isolierte Fe-Oxo-Spezies die höchste SCR-Aktivität besitzen, während partikuläre Einheiten den geringsten Beitrag zur SCR-Reaktion liefern. Die Spezies der oligomeren Fe-Oxo-Einheiten besitzen eine verminderte Aktivität gegenüber den isolierten Einheiten, sie sind aber deutlich aktiver als die partikulären Zentren [150, 132]. Die $NH_3$-Oxidation hingegen läuft an partikulären Einheiten bevorzugt ab. Die bei höheren Temperaturen gefundene Differenz zwischen $NH_3$- und $NO_x$-Umsatz werden der mit steigender Temperatur zunehmenden $NH_3$-Oxidation an den partikulären Fe-Spezies zugeordnet. Aus den Erkenntnissen am 0,25Fe/H-BEA-Katalysators kann aber auch gefolgert werden, dass die isolierten Fe-Einheiten ebenfalls die $NH_3$-$O_2$-Reaktion unterstützen, diese aber unter SCR-Bedingungen unterdrückt wird. Die ausgesprochen gute Aktivität des 0,25Fe/H-BEA-Katalysators erklärt sich somit aus einem hohen Anteil an isolierten Fe-Oxo-Einheiten sowie geringen Anteilen an oligomeren Fe-Einheiten, agglomerierte Eisenzentren werden hier nicht gefunden, vergleiche DR-UV/VIS-, HRTEM-, Mößbaueruntersuchungen im Abschnitt 6.2.1.

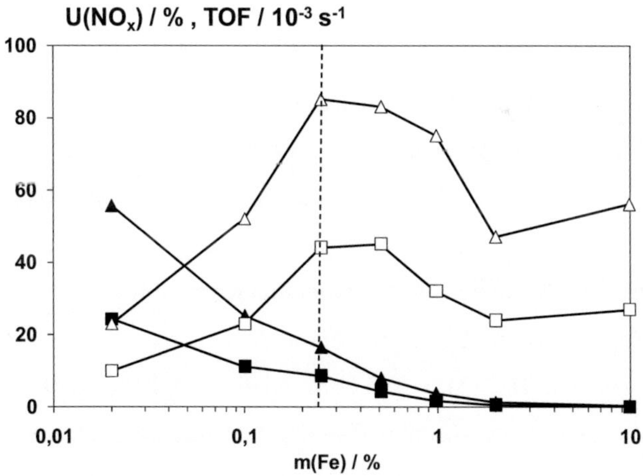


**Abbildung 7-8:** Umsatz an $NO_x$ bei 200 ($\square$) und 250 °C ($\triangle$) sowie die TOF-Werte bei 200 ($\blacksquare$) und 250 °C ($\blacktriangle$) in Abhängigkeit von der Fe-Beladung. Standard SCR-Bedingungen (Tabelle 5-4), $\dot{V}$ = 500 ml/min, RG = 50.000 $h^{-1}$, $m_{Kat}$ = 200 mg.

Vergleicht man die $NO_x$-Umsätze und TOF-Werte der 0,25Fe/H-BEA-Probe mit denen der anderen Katalysatoren (Abbildung 7-8), so zeigt der 0,1Fe/H-BEA-Katalysator um die Hälfte geringere $NO_x$-Umsätze bei TOF-Werten, die lediglich ⅓ über denen des 0,25Fe/H-BEA-Systems liegen. Ferner zeigt die 0,5Fe/H-BEA-Probe im Bereich unterhalb 250 °C zwar die entsprechenden $NO_x$-Umsätze des 0,25Fe/H-BEA-Systems, aber die TOF-Werte fallen deutlich geringer aus. Die höchsten $NO_x$-Umsätze werden am 0,25Fe/H-BEA-Katalysator erhalten. Dieser wird als das vielversprechendste Muster angesehen, da er einen hohen $NO_x$-Umsatz mit einer ausgesprochen hohen Effektivität der vorhandenen Fe-Zentren vereint.

Die weiteren Untersuchungen am 0,25Fe/H-BEA-Katalysator zeigen einen erkennbaren Einfluss auf die SCR-Aktivität durch die Gaskomponenten $O_2$ und $H_2O$ (Abschnitt 6.3.3), die hydrothermale Alterung (Abschnitt 6.3.4) und das molare Si/Al-Verhältnis (Abschnitt 6.3.6). Es wird deutlich, dass $H_2O$ sowohl mit $NH_3$ also auch mit $NO_x$ in Konkurrenz tritt bezüglich der Adsorption an den freien Oberflächenplätzen des Eisenoxides bzw. des Zeoliths. Durch Wassermoleküle belegte aktive Zentren leisten keinen Beitrag zur SCR-Reaktion und bewirken daher eine Minderung im Umsatz. Diese Des-aktivierung ist aber reversibel, da Katalysatoren, die im Anschluss an die Beaufschlagung mit $H_2O$ abermals eine Konditionierung erfahren haben, keine Abnahme in der SCR-Aktivität zeigen. Diese Annahmen stehen in Einklang mit Untersuchungen an H-ZSM-5- und H-Mordenit-Zeolithen von Jentys et al. [160], sowie an nicht näher spezifizierten mit Metallkationen ausgetauschten Zeolithen bei Bagnasco et al. [161]. Die Autoren beobachten, dass $H_2O$ bevorzugt an den Bronsted-sauren Zentren adsorbiert und somit mit $NH_3$ in Konkurrenz um die Adsorptionsplätze tritt.

Die Wirkungsweise von $H_2O$ steht ganz im Gegensatz zum Einfluss von Sauerstoff, hier werden höher $NO_x$-Umsätze erreicht. Die Ergebnisse aus Abschnitt 6.3.3 (Abbildung 6-27) belegen, dass vor allem im Bereich tiefer Temperaturen ($< 300\,°C$) die Anhebung des Sauerstoffpartialdruckes im Reaktor die SCR-Aktivität erhöht. Auf Grund der besseren Verfügbarkeit an $O_2$ laufen die für die NO-Oxidation nötigen Re-Oxidationsprozesse an den vorliegenden Fe-Spezies deutlich schneller ab. Als Folge erhöhen sich die Anteile an $NO_2$ und dieses trägt mittels der „schnellen" SCR-Reaktion zur Steigerung des $NO_x$-Umsatzes bei. Der Schritt der NO-Oxidation und der Einfluss des $O_2$-Gehaltes werden auch bei [92] zur Modellierung der SCR-Reaktion an Zeolith-Katalysatoren berücksichtigt. Hierbei ist zu erwähnen, dass die Verdopplung des $O_2$-Volumenanteils auf 10 Vol.-% lediglich unterhalb $300\,°C$ zu erhöhten $NO_x$-Umsätzen führt. Die im Anschluss erfolgte Verdreifachung (15 Vol.-% $O_2$) bewirkt im gesamten Temperaturbereich nur eine leichte Verbesserung der SCR-Aktivität gegenüber den zuvor verwendeten 10 Vol.-% $O_2$. Die durchgeführten Untersuchungen mit verschiedenen Volumenanteilen an CO und $CO_2$ zeigen keinen nennenswerten Einfluss dieser Spezies auf die SCR-Reaktion.

Eine mögliche Erklärung für die Abnahme der SCR-Aktivität bei Zunahme des molaren Zeolith-Si/Al-Verhältnisses könnte die mit sinkendem Al-Anteil einhergehende Abnahme an Bronsted- und Lewis-sauren Zentren sein. Dadurch wird eine Verringerung der $NH_3$-Adsorptionsplätzen bewirkt. TPD-Untersuchungen an H-BEA-Zeolithen mit einem Si/Al-Verhältnis von 18 – 33 von Camiloti et al. [162] bekräftigen die Vermutung, dass mit einer Verringerung des Al-Gehalt im Zeolithgerüst die $NH_3$-Adsorptionsfähigkeit abnimmt. Auch $NH_3$-TPD-Experimente von Rodriguez-Gonzalez et al. [163], die das molare Si/Al-Verhältnis an einem H-ZSM-5 ($m_{Kat} = 80$ mg, Rampe 10 K/min) um mehrere Größenordnungen variieren (Si/Al = 30, 50, 80, 150, 280 und 1000), zeigen eine Abhängigkeit der Ammoniakspeicherfähigkeit bezüglich des Al-Gehaltes im Zeolith: Die $NH_3$-Speicherfähigkeit reduziert sich mit steigendem Si/Al-Verhältnis von 740 (Si/Al = 30) auf 22 µmol $NH_3$ pro g Zeolith (Si/Al = 1000). Im Gegenzug erhöht sich die ermittelte Aktivierungsenergie der jeweiligen $NH_3$-TPD von 129 auf 156 kJ/mol. Die $NH_3$-Speicherfähigkeit des in dieser Arbeit untersuchten 0,25Fe/H-BEA-Katalysators (Si/Al = 12,5) bei 25 °C liegt bei 738 µmol/gZeolith. Davon ausgehend, dass der SCR-Mechanismus nach einem Eley-Rideal-Modell ablaufen kann, steht dem aus der Gasphase stammenden $NH_3$ weniger Plätze zur Adsorption zur Verfügung, die Effektivität der SCR-Reaktion verringert sich. Die gefundene Zunahme der Aktivierungsenergie bei der $NH_3$-Desorption [163], bewirkt ebenfalls eine Verringerung in der SCR-Aktivität. Beide Effekte können zu der in Abschnitt 6.3.6 gemessenen Minderung der SCR-Aktivität bei steigendem Si/Al-Verhältnis beitragen (Abbildung 6-31). Eine gegensätzliche Position nimmt Brandenberger et al. [159] ein, die ihre Ergebnisse dahin deuten, dass die Bronsted-sauren Zentren nicht für die Adsorption des Ammoniaks verantwortlich sind, sondern um die vorhandenen Metallionen zu binden und dispergieren.

Neben der Erhöhung des molaren Si/Al-Verhältnisses bewirkt auch die hydrothermale Alterung eine Minderung im $NO_x$-Umsatz. Bei dem dargestellten Vergleich der $NO_x$-Umsätze für die bei 800 °C über 24 h hydrothermal gealterten Katalysatoren, zeigt sich im Vergleich zur ionengetauschten Fe-BEA-Referenz die deutlich bessere Beständigkeit der 0,25Fe/H-BEA-Probe gegenüber den Einflüssen der hydrothermalen Alterung (Abbildung 7-9).

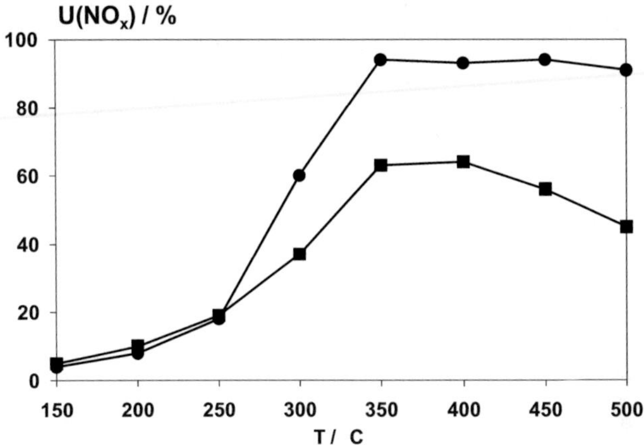


**Abbildung 7-9:** Umsatz an NO$_x$ am bei 800 °C hydrothermal gealterten 0,25Fe/H-BEA-Katalysator (●) und ionengetauschten Fe-BEA-Referenz (■). Standard SCR-Bedingungen (Tabelle 5-4), $\dot{V}$ = 500 ml/min, RG = 50.000 h$^{-1}$, m$_{Kat}$ = 200 mg.

So erreicht der ionenausgetauschte Fe-BEA-Katalysator bei 350 °C gerade noch einen NO$_x$-Umsatz von 60 %, während am 0,25Fe/H-BEA-Katalysator noch ein NO$_x$-Umsatz um 90 % gemessen wird. Auf die Darstellung der Ergebnisse einer gealterten Vanadiumoxid-haltigen Referenz in Abbildung 7-9 wurde verzichtet, da diese bereits bei einer Alterungstemperatur von 600 °C keine signifikante SCR-Aktivität mehr aufweist. Mit Hinblick auf die Alterungsbeständigkeit scheint der durch Tränkung ohne Lösungs-mittelüberschuss hergestellt 0,25Fe/H-BEA-Katalysator der hier verwendeten ionenausgetauschten Fe-BEA-Referenz überlegen zu sein.

Positiv zu bewerten sind trotz Alterung die beachtliche Restaktivität (Abbildung 7-9) und hohe N$_2$-Selektivität bzw. geringe N$_2$O-Selektivität der 0,25Fe/H-BEA-Proben, im Vergleich zum Vanadiumoxid-haltigen und ionengetauschten Fe-BEA Katalysator (Abbildung 7-10).

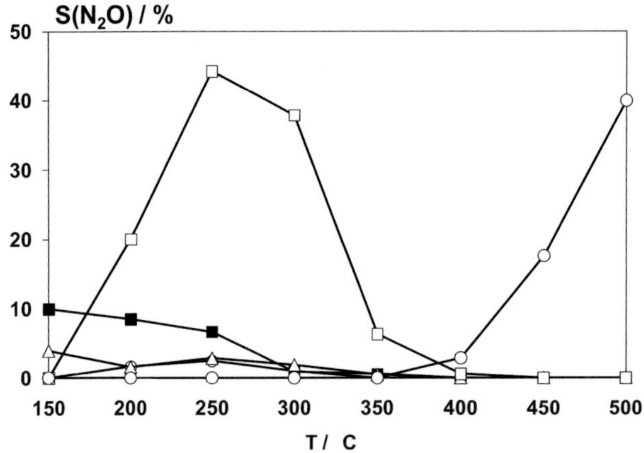



**Abbildung 7-10:** Selektivität an $N_2O$ am 0,25Fe/H-BEA-Katalysator bei 550 (●) und 800 °C (■) sowie am Fe-BEA-System bei 550 (△) und 800 °C (□) und $V_2O_5$/$WO_3$/$TiO_2$-Katalysator bei 550 °C (○). Standard-SCR-Bedingungen (Tabelle 5-4), $\dot{V}$ = 500 ml/min, RG = 50.000 h$^{-1}$, $m_{Kat}$ = 200 mg.

Ferner kann es bei der hydrothermalen Alterung des 0,25Fe/H-BEA-Katalysators durch den Austrag von Aluminium aus der Zeolithmatrix (Dealuminierung) zu einer wesentlichen Veränderung des molaren Si/Al-Verhältnisses kommen. Analog zu der oben beschriebenen Minderung der SCR-Aktivität führt auch diese Abnahme des Al-Anteils im Zeolithgerüst zu einer verminderten $NH_3$-Adsorptionsfähigkeit. Die Folge ist eine Minderung der SCR-Aktivität. Untersuchungen mit der 27Al-MAS-NMR-Methode am hydrothermal gealterten 1Fe/H-BEA-Katalysator [164] (550 °C 24 h, 10 Vol.-% $H_2O$ in $N_2$) und von Perez-Ramirez [131] veröffentliche Ergebnisse zur Alterung an einem BEA-Zeolith mit etwa 0,62 Ma.-% Fe (600 °C, 30 Vol.-% $H_2O$ in $N_2$) belegen die vermutete Abnahme des Al-Gehaltes im Zeolithgerüst. Ein weiterer möglicher Prozess der zu den in Abschnitt 6.3.4 (Abbildung 6-28) dargestellten geringeren $NO_x$-Umsätze beim gealterten 0,25Fe/BEA-

Katalysatoren beitragen kann, ist das Sintern der vorliegenden Fe-Spezies bzw. der gesamten Zeolithstruktur. Das Sintern kann dazu führen, dass die überwiegend dispers vorliegenden Fe-Spezies, die eine hohe SCR-Aktivität aufweisen, sich zu größeren Strukturen mit geringerer SCR-Aktivität verbinden. XRD-Untersuchungen mit 1Fe/H-BEA-Katalysatoren, die bei unterschiedlichen Temperaturen (550, 650 °C) hydrothermal gealtert wurden, zeigen aber keine Veränderung in den Signalen (Anhang, Abbildung 10-5). Experimente mit dem 0,25Fe/H-BEA-System werden nicht durchgeführt, da aus den in Abschnitt 6.2.1 (Abbildung 6-4) gezeigten Diffraktogrammen bekannt ist, dass Reflexe durch auf der äußeren Oberfläche agglomerierte Fe-Spezies erst bei Fe-Gehalten oberhalb 1 Ma.-% auftreten. Hingegen kann bei der DR-UV/VIS-Spektroskopie eine Verlagerung des Signals, hin zu längeren Wellenbereichen die den agglomerierten Fe-Einheiten zugeordnet sind, nachgewiesen werden (Abbildung 7-11).

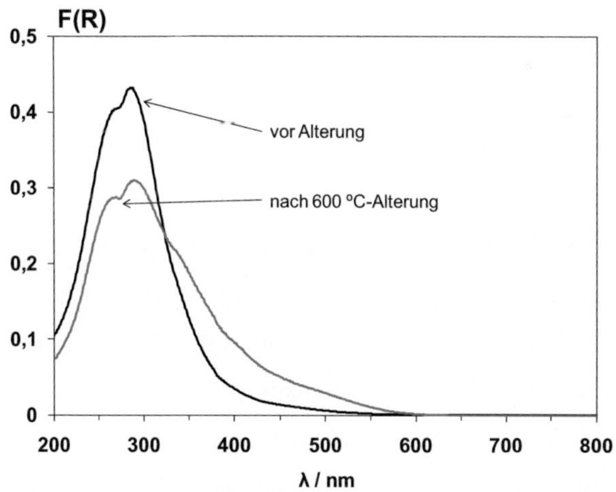


**Abbildung 7-11:** UV/VIS-Spektren des 0,5Fe/H-BEA-Katalysators vor Alterung (—) und nach 600 °C-Alterung (—).

So zeigt das DR-UV/VIS-Signal des bei 600 °C hydrothermal gealterten 0,5Fe/H-BEA-Katalysator im Bereich um 260 nm (isolierte Fe-Spezies) eine deutliche Abnahme im Signal gegenüber dem nicht gealterten Katalysator. Bei etwa 460 nm (partikuläre Fe-Einheiten, siehe Tabelle 7-2 im Abschnitt 7.1) bildet sich hingegen eine deutliche Schulter aus. Ausgehend vom Schnittpunkt bei etwa 326 nm ist die Abnahme der Signalfläche bei den isolierten und oligomeren Spezies identisch mit der Zunahme der Anteile der partikulären Fe-Spezies. Sie beträgt etwa 19 % der Gesamtsignalfläche.

Des Weiteren ist nicht ausgeschlossen, dass das Zusammenwirken der Dealuminierung und der Sinterung zu einem Zusammenbrechen des Zeolithgrundgerüstes führt. Hierfür sprechen die abnehmenden BET-Oberflächen die beispielhaft für den bei unterschiedlichen Temperaturen gealterten 1Fe/H-BEA-Katalysator ermittelt wurden. Für die bei 550, 600 und 800 °C durchgeführten hydrothermalen Alterungen (Abschnitt 0) ergeben sich BET-Oberflächen von 520, 510 und 455 m²/g, während die spezifische Oberfläche des nicht gealterten 1Fe/H-BEA-Katalysator 550 m²/g beträgt (Tabelle 10-4, Anhang). Diese Interpretation der Ergebnisse wird durch Park et al. [165] gestützt, die bei der hydrothermalen Alterung von H-ZSM-5-Zeolithen bei 600, 700 und 800 °C (10 Vol.-% $H_2O$ in $N_2$, 24 h) bei allen Katalysatoren eine Verringerung der Aktivität, eine abnehmende Anzahl von aktiven Zentren (Sintern) und einen strukturellen Abbau des Zeolithgerüstes beobachtet. Die bei Burke et al. [136] bezüglich des Alterungsverhaltens untersuchten Na- und H-BEA-Zeolithen mit einem molaren Si/Al-Verhältnis von 10 und 300 (5 Vol.-% $H_2O$ in $N_2$, bei 800 °C 200 h) zeigen ebenfalls eine reduzierte $NH_3$-Adsorptionsfähigkeit. Wobei die stärksten Effekte bei Zeolithen mit niedrigem Si/Al-Verhältnis beobachtet werden. Im Vergleich zu den nicht gealterten Proben erhöht sich auch hier bei der Alterung das Si/Al-Verhältnis leicht, was mit der Dealuminierung des Zeoliths begründet wird. Des Weiteren wird eine

Rangfolge von Parametern benannt, die den Untersuchungen nach den größten Einfluss auf die Stabilität des BEA-Zeolithen bei der hydrothermalen Alterung haben: Die Reduzierung der Partikelgröße erhöht die Stabilität, während ein hoher Wasserdampfdruck die Gerüststabilität reduziert, die Behandlungsdauer hat den geringsten Einfluss bei der hydrothermalen Alterung [166].

Die Ergebnisse aus der Variation des molaren Si/Al-Verhältnisses und der hydrothermalen Alterung können dahin gehend interpretiert werden, dass mit dem 0,25Fe/H-BEA-Katalysator der ein molares Si/Al-Verhältnis von 12,5 aufweist, ein guter Kompromiss zwischen hoher SCR-Aktivität und Alterungsbeständigkeit gefunden wurde. Ergebnisse von Pieterse et al. [138], die die Alterung an Fe-ZSM-5 (Si/Al = 12, 2 Ma.-% Fe) und Fe-BEA (Si/Al = 12, 1,6 Ma.-% Fe) bei 600 °C mit 0,5 und 5 Vol.-% $H_2O$ in $N_2$ untersuchten, belegen dies. Eine vergleichende Untersuchung mit Cer-haltigen BEA-, ZSM-5-, MOR- und Y-Zeolithen zeigt ebenfalls, dass die BEA-Zeolithe eine relativ hohe Stabilität bezüglich der hydrothermalen Alterung aufweisen [137]. Die Beständigkeit gegenüber hydrothermaler Alterung sollte prinzipiell durch den Einsatz von Promotoren, d.h. Metalloxiden z.B. der Elemente Mg, Ca, W, Y, Zr, La und Mo (Abschnitt 6.3.4, Abbildung 6-30) weiter verbessert werden. Hierbei könnten die Promotoren als Stabilisatoren wirken, welche durch elektronische Wechselwirkungen die Bindung z.B. des Aluminiums im Zeolithgerüst stärken und so den Dealuminierungsprozess einschränken könnten. Aber auch eine Wirksamkeit als Sinterbarrieren, die den Fe-Oxo-Einheiten die mögliche Agglomeration erschweren, ist denkbar. Zum Einsatz von Promotoren kann zusammenfassend gesagt werden, dass mit den verwendeten Metalloxiden kaum eine Verbesserung in der hydrothermalen Beständigkeit erreicht wird. Bei der Verwendung ist aber auf die eingesetzte Menge an Promotor zu achten; Vorversuche mit Gehalten oberhalb von 1 Ma.-% ergaben eine Minderung in der SCR-Aktivität. Wahrscheinlich bilden sich hier analog zu den großen Fe-Gehalten (2 und 10 Ma.-%) Metalloxid-agglomerate an der Oberfläche aus, die die Zeolithporen blockieren (Verlust an BET-Oberfläche) bzw. unerwünschte Nebenreaktionen wie die $NH_3$-Oxidation und $N_2O$-Bildung begünstigen. Im Gegensatz zu den hier erlangten Ergebnissen finden Burke et al. [136] bei der hydrothermalen Alterung (800 °C, 200 h, 5 Vol.-% $H_2O/N_2$) an BEA-Zeolithen (Si/Al = 10, 300) zumindest durch den Einsatz von Lanthanoxid einen positiven Einfluss auf die hydrothermale Stabilität.

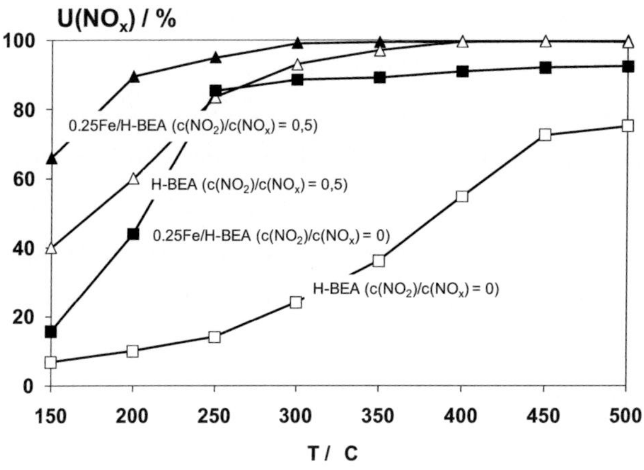


**Abbildung 7-12:** Umsatz an $NO_x$ an den Katalysatoren H-BEA (□) und 0,25Fe/H-BEA (■), sowie H-BEA mit $NO_2/NO_x = 0,5$ (△) und 0,25Fe/H-BEA mit $NO_2/NO_x = 0,5$ (▲). „Schnelle" SCR-Bedingungen (Tabelle 5-4), $\dot{V}$ = 500 ml/min, RG = 50.000 $h^{-1}$, $m_{Kat}$ = 200 mg.

Die bisher beschriebenen und zur Minderung der SCR-Aktivität beitragenden Alterungseffekte können größtenteils durch die Verwendung eines Konzentrationsverhältnisses von $c(NO_2)/c(NO_x) = 0,5$ kompensiert werden. Die Ergebnisse bei der „schnellen" SCR-Reaktion (Abbildung 7-12) belegen, dass durch die Verwendung eines Konzentrationsverhältnisses von $c(NO_2)$ zu

$c(NO_x) = 0,5$ die SCR-Aktivität am reinen H-BEA-Zeolith zwar ansteigt, die $NO_x$-Umsätze des 0,25Fe/H-BEA-Katalysators aber nochmals deutlich darüber liegen. Experimente an einem unbehandelten H-ZSM-5-Zeolith und einem nicht näher benannten Fe-ZSM-5-Katalysator belegen ebenfalls [42], dass sowohl am H-ZSM-5 als auch am Fe-ZSM-5-System unter den „schnellen" SCR-Bedingungen eine Erhöhung der SCR-Aktivität stattfindet (10 Vol.-% $O_2$, 5 Vol.-% $H_2O$, 1000 ppm $NO_x$, 1000 ppm $NH_3$, $RG = 52.000$ $h^{-1}$). Es ist anzunehmen, dass die Fe-Zentren sowohl die Standard- als auch die „schnelle" SCR-Reaktion positiv beeinflussen, wobei sich der Einfluss bei der zweiten Reaktion aller Voraussicht nach auf die zusätzliche NO-Oxidation beschränkt.

Neben den schon gezeigten Einflüssen auf die SCR-Aktivität des 0,25Fe/H-BEA-Katalysators zeigt dieser zumindest bei der Standard SCR-Reaktion in Bezug auf die Reaktionsstöchiometrie einen deutlichen Unterschied zum Vanadiumoxid-haltigen Muster. So zeigt der $V_2O_5$/$WO_3$/$TiO_2$-Katalysator im gesamten Temperaturbereich, entsprechend der Standard-SCR-Reaktion (Gleichung (3-7)), einen stöchiometrischen Umsatz von 1:1 an NO und $NH_3$. Beim Katalysator 0,25Fe/H-BEA beobachtet man diesen Sachverhalt etwa bis 200 °C. Oberhalb 250 °C wird fortwährend ein deutlicher Mehrverbrauch an $NH_3$ registriert, was dazu führt, dass sich der $NO_x$-Umsatz um etwa 90 % einpendelt (Abbildung 7-4). Da dieses Verhalten bei allen hergestellten Fe/H-BEA-Katalysatoren beobachtet wird, oberhalb 400 °C bilden hier lediglich der 2Fe/H-BEA und 10Fe/H-BEA-Katalysator eine Ausnahme, wird dieser Punkt allgemein für alle Fe/H-BEA-Katalysatoren diskutiert.

Die Differenz in den $NH_3$- und $NO_x$-Umsätzen kann (vermutlich) durch die Oxidation von $NH_3$ an den Fe-haltigen Katalysatoren erklärt werden. Ausgehend von der in Gleichung (3-7) postulierten Standard-SCR-Reaktion, vermindert Ammoniak, das an der Oxidation teilnimmt, den maximal erreichbaren $NO_x$-Umsatz. Es gelingt zwar diese Minderung zu kompensieren

(Abbildung 6-20, Abschnitt 6.3.1), aber dies führt zu einem deutlichen Mehrverbrauch an $NH_3$. Aus der Variation des $NH_3/NO_x$-Konzentrationsverhältnisses $\alpha$ ist bekannt, dass selbst bei einem $\alpha$-Verhältnis von 1,2 und vollständigem Umsatz an $NO_x$ die Oxidation von $NH_3$ stattfindet. So liegt der oberhalb 300 °C für einen $\alpha$-Wert von 1,2 erreichte $NH_3$-Umsatz mit 90 % deutlich über dem theoretisch unter Standard-SCR-Bedingungen möglichen $NH_3$-Umsatz von 83 %. Die Untersuchungen zur $NH_3$-Oxidation an den Fe/H-BEA-Katalysatoren (Abschnitt 6.2.2, Abbildung 6-14) erlauben eine mögliche Erklärung. So ergeben sich oberhalb 300 °C an allen Fe/H-BEA-Proben $NH_3$-Umsätze von über 10 %. Die Annahme, dass die $NH_3$-Oxidation erst oberhalb 300 °C an Bedeutung gewinnt, wird durch Untersuchungen an Fe-BEA- und Fe-ZSM-5-Katalysatoren mit Fe-Beladungen von 0,5 und 2 Ma.-% und einem molaren Si/Al-Verhältnis von 15 gestützt [167]: Der Umsatz an $NH_3$ bei 350 °C beträgt 28 % (500 ppm $NH_3$, 2 Vol.-% $O_2$, Ar Balance, RG = 96.000 h$^{-1}$, $\dot{V}$ = 200 ml/min). Die Differenz zwischen $NO_x$- und $NH_3$-Umsatz bei der Standard-SCR-Reaktion kann somit zumindest für den Bereich oberhalb 300 °C mit der Oxidation von $NH_3$ erklärt werden.

Eine weitere Möglichkeit, die Diskrepanz zwischen den $NO_x$- und $NH_3$-Umsätzen zu erklären, ist der von Sun et al. [89] postulierte, von der 1:1-Stöchiometrie abweichende, Mechanismus der $NO_2$-SCR-Reaktion. Unter Berücksichtigung der molaren 6:8 Stöchiometrie dieses Reaktionspfades (Gleichung (7-5)) ist eine $NO_x$-Oxidation von mindestens 12 % z.B. bei 200 °C bzw. 33 % bei 250 °C am 0,25Fe/H-BEA-Katalysator nötig, um die für die $NO_2$-SCR-Reaktion erforderliche Menge an $NO_2$ bereit zustellen. Die in Abschnitt 6.2.2 (Abbildung 6-15) durchgeführten Versuche zur Wirksamkeit der Fe/H-BEA-Katalysatoren bei der NO-Oxidation belegen, dass die $NO_2$-Ausbeuten am 0,25Fe/H-BEA-Katalysator 26 % (200 °C) und 44 % (250 °C) betragen. Die ausreichende Entstehung an $NO_2$ ist somit gewährleistet. Davon ausgehend, dass sich an der Oberfläche in unmittelbarer Umgebung der für die Oxidation verantwortlichen Eisenspezies ($Fe_xO_y$; $x,y = 1$ bzw. 2) ein hohe Konzentration an adsorbiertem Stickstoffdioxid ($NO_2$,ads) einstellt, ist es denkbar, dass parallel zur Standard SCR-Reaktion (1:1-Stöchiometrie) die $NO_2$-SCR-Reaktion abläuft. Dieser Reaktionsschritt kann mit am Zeolith adsorbiertem Ammoniak ablaufen und als direkte Folge einen $NH_3$-Mehrverbrauch verursachen. Basierend auf dem von Delahay et al. [168] an Fe-ZSM-5-Katalysatoren vorgeschlagenen Mechanismus der NO-Oxidation (Gleichung (7-1),(7-4) und (7-6)) wäre es möglich, dass adsorbiertes $NO_2$ an der Reaktion nach der Brutto-Gleichung (7-5) teilnimmt.

$$NO + Fe^{3+}\text{-O} \rightarrow Fe^{3+}\text{-O-NO} \qquad (7\text{-}1)$$

$$NO + Fe^{3+}\text{-O} \rightarrow Fe^{2+} + NO_2(g) \qquad (7\text{-}2)$$

$$NO_2(g) + Fe^{2+} \rightarrow Fe^{3+}\text{-O-NO} \qquad (7\text{-}3)$$

$$Fe^{3+}\text{-O-NO} \rightarrow Fe^{2+} + NO_{2,ads} \qquad (7\text{-}4)$$

$$6\,NO_{2,ads} + 8\,NH_{3,ads} \rightarrow 7\,N_2 + 12\,H_2O \qquad (7\text{-}5)$$

$$Fe^{2+} + \tfrac{1}{2}O_2 \rightarrow Fe^{3+}\text{-O} \qquad (7\text{-}6)$$

Unter den Annahmen, dass eventuell in die Gasphase desorbiertes $NO_2$ (Gleichung (7-2)) readsorbieren kann (Gleichung (7-3)) und ferner die $NO_2$-SCR-Reaktion deutlich schneller abläuft als die Standard-SCR-Reaktion [169], ist es schwierig diese $NO_2$-Spezies mit der vorhandenen Gasphasenanalytik nachzuweisen. Zur genaueren Untersuchung der möglichen Reaktionen mit $NO_2$ wurde der 0,25Fe/H-BEA-Katalysator bei 250 °C mit $NO_2$ und $NH_3$ beaufschlagt. Als Ergebnis kann festgehalten werden, dass $N_2O$ und $N_2$ im äquimolaren Verhältnis entstehen (Abschnitt 6.4.3, Abbildung 6-34). Die Anwesenheit von $N_2O$ wird dahingehend interpretiert, dass es zur Bildung und

Zersetzung von $NH_4NO_3$ nach den Gleichungen (6-3) und (6-4) kommt [92, 40]. Die Daten weisen aber auch darauf hin, dass die angenommene, einer 6:8-Stöchiometrie folgende, $NO_2$-SCR-Reaktion (Gleichung (3-9) unter Verwendung einer Gasmischung mit einem stöchiometrischen Verhältnis von 1:1 an $NO_2$ und $NH_3$ vollständig unterdrückt wird.

Die erstmals von der Gruppe um Sachtler [94] erwähnten $NH_4NO_3$-Spezies sind zwar in der Lage, aktive Oberflächenzentren zu blockieren und in Folge eine Minderung der SCR-Aktivität zu bewirken, aber weder die Bildung noch die Zersetzung von $NH_4NO_3$ kann einen Mehrverbrauch an $NH_3$ erklären. Bei allen Fe/H-BEA-Katalysatoren werden keine nennenswerten Mengen an $N_2O$ gebildet. Ergänzend kann festgehalten werden, dass bei allen Fe/H-BEA-Proben sowie beim H-BEA-Zeolith die Reduktion der Stickstoffoxide mit einer Selektivität von nahezu 100 % zu $N_2$ erfolgt, was sowohl die SCR-Untersuchungen als auch die SSITKA-Experimente (Abschnitt 6.4.2) belegen. Dies steht im Einklang mit den Ergebnissen von Long und Yang [170, 66], die bei ihren Untersuchungen an ionengetauschten Fe-ZSM-5-Katalysatoren (1,4 Ma.-% Fe, Si/Al-Verhältnis = 10) größtenteils $N_2$ und $H_2O$ als Reaktionsprodukte erhalten haben. Die Bildung bzw. Zersetzung von $NH_4NO_3$ wird von den Autoren ebenfalls auf Grund der Abwesenheit von $N_2O$ im Produktgasstrom ausgeschlossen. Aus den Ausführungen ergibt sich, dass die Wirkungsweise der $NO_2$-SCR-Reaktion auf die SCR-Aktivität der verwendeten Fe/H-BEA-Katalysatoren unter Standard-SCR-Bedingungen nicht ausreichend geklärt werden kann.

## 7.2.1 Vergleich der Katalysatoren 0,25Fe/H-BEA, Fe-BEA und $V_2O_5/WO_3/TiO_2$

Bezieht man die $NO_2$-SCR-Reaktion dennoch in die Massenbilanz für die SCR-Reaktion bei 250 °C mit ein, so ergibt sich ein Anteil von 32 % bei 200 °C bzw. 52 % bei 250 °C für die nach der Standard SCR-Reaktion abreagierenden restlichen Spezies an NO und $NH_3$. Aus den hier angegebenen Prozentsätzen und den oben ermittelten nötigen prozentualen Anteilen der $NO_2$-SCR-Reaktion geht hervor, dass die Standard-SCR-Reaktion der Hauptreaktionspfad ist. Neben dem direkten Vergleich mit den Fe/H-BEA-Proben zeigt auch die Gegenüberstellung mit kommerziellen Mustern ($V_2O_5/WO_3/TiO_2$ und Fe-BEA) die ausgesprochen hohe SCR-Aktivität der 0,25Fe/H-BEA-Probe. Die ermittelten $NO_x$-Umsätze der 0,25Fe/H-BEA-, Fe-BEA- und $V_2O_5/WO_3/TiO_2$-Katalysatoren bei Standard SCR-Bedingungen sind in Abbildung 7-13 gegenübergestellt.

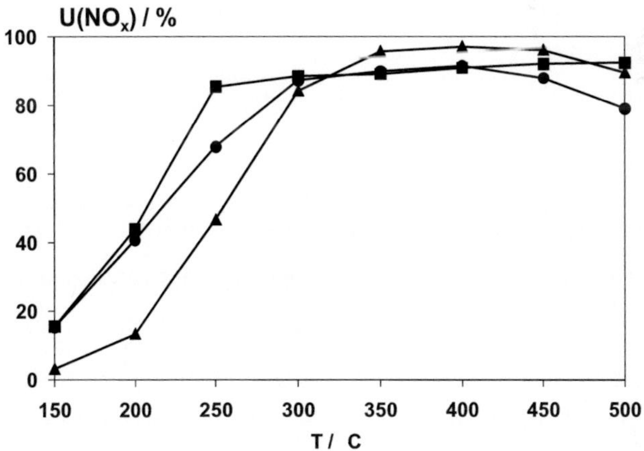


**Abbildung 7-13:** Umsatz an $NO_x$ am 0,25Fe/H-BEA- (■), $V_2O_5/TiO_2/WO_3$- (●) und Fe-BEA-Katalysator (▲). Standard-SCR-Bedingungen (Tabelle 5-4), $\dot{V} = 500$ ml/min, RG = 50.000 h$^{-1}$, $m_{Kat} = 200$ mg.

Oberhalb 350 °C liegen die $NO_x$-Umsätze des 0,25Fe/H-BEA-Systems knapp unterhalb denen des $V_2O_5$-haltigen Systems (~ 97 %), aber auf gleichem Niveau mit denen des Fe-BEA-Katalysators. Im Bereich von 200 bis 300 °C hingegen besitzt die 0,25Fe/H-BEA-Probe, im Vergleich zu den beiden Referenzen, die deutlich bessere Aktivität. Liegen die $NO_x$-Umsätze des 0,25Fe/H-BEA- und Fe-BEA-Katalysators bei 200 °C noch etwa auf gleichem Niveau, so unterscheiden sie sich bei 250 °C schon um 20 % voneinander.

Diese ausgesprochen hohe Aktivität im Bereich von 150 - 250 °C belegen auch die etwa um den Faktor 10 größeren TOF-Werte des 0,25Fe/H-BEA-Katalysators gegenüber den kommerziell verfügbaren Referenzmaterialien (Tabelle 7-3).

**Tabelle 7-3:** TOF-Werte der 0,25Fe/H-BEA-, Fe-BEA- und $V_2O_5/WO_3/TiO_2$-Katalysatoren.

| Katalysator | $TOF \cdot 10^{-3} s^{-1}$ 150°C | $TOF \cdot 10^{-3} s^{-1}$ 200°C | $TOF \cdot 10^{-3} s^{-1}$ 250°C |
|---|---|---|---|
| 0,25Fe/H-BEA [a,b] | 3,00 | 8,5 | 17,0 |
| Fe-BEA [a,b] | 0,37 | 1,0 | 1,6 |
| $V_2O_5/WO_3/TiO_2$ [a,c] | 0,55 | 1,5 | 2,5 |

a.)Standard-SCR-Bedingungen,$\dot{V}$ = 500 ml/min, RG = 50.000 $h^{-1}$, $m_{Kat}$ = 200 mg.
b.)Bezogen auf Fe
c.)Bezogen auf V

Nachfolgend wird der 0,25Fe/H-BEA-Katalysator mit von Qi und Yang [171] veröffentlichten Fe-ZSM-5- und $V_2O_5/WO_3/TiO_2$-Mustern verglichen. Die von Qi und Yang verwendeten Katalysatoren 2,5Fe-ZSM-5 und 7,5Fe-ZSM-5 werden ebenfalls mit Hilfe der Incipient-Wetness-Methode hergestellt, wobei FeCl2 als Eisenoxidvorstufe diente. Die verwendete Vanadiumoxid-haltige Referenz enthält 4,4 Ma.-% $V_2O_5$, 8,2 Ma.-% $WO_3/TiO_2$. Nach dem derzeitigen Stand der Literatur kann davon ausgegangen werden, dass es sich beim teilweise ionengetauschten Fe-ZSM-5-System mit einer Fe-Beladung von

7,5 Ma.-% um den bis dato aktivsten veröffentlichen Katalysator handelt. Um aussagekräftige Daten zu erlangen, wird der 0,25Fe/H-BEA-Katalysator unter den bei Qi et al. beschriebenen Konditionen vermessen, d.h. eine Einwaage von 40 mg Katalysator und eine Gasmischung mit $c(NO) = c(NH_3) = 1000$ ppm, $c(O_2) = 2$ Vol.-% und Balance He. Anstelle des Heliums wird in dieser Arbeit aus Gründen der Verfügbarkeit das Inertgas $N_2$ eingesetzt.

In Abbildung 7-14 sind die Ergebnisse des Vergleichs der 0,25Fe/H-BEA-Probe mit den veröffentlichten Katalysatoren 7,5Fe-ZSM-5, 2,5Fe-ZSM-5 und $4,4V_2O_5/8,2WO_3/TiO_2$ dargestellt.

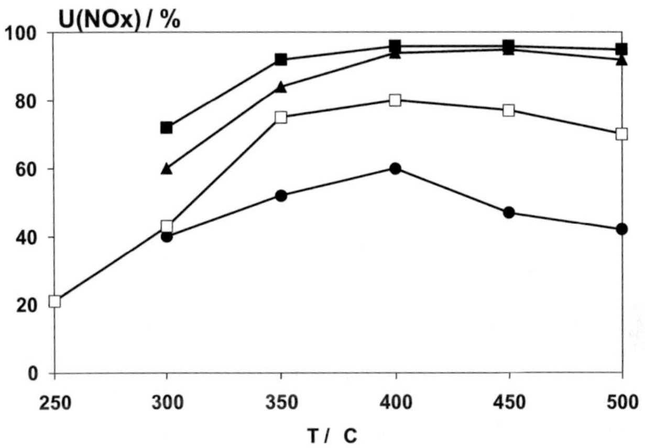


**Abbildung 7-14:** Vergleich des 0,25Fe/H-BEA-Systems (□) mit Literaturangaben [171] von 7,5Fe-ZSM-5- (■), 2,5Fe-ZSM-5- (▲) und $4,4V_2O_5/8,2WO_3/TiO_2$-Katalysatoren (●).

Die Ergebnisse des Vergleichs sind mit Bedacht zu betrachten, da die höheren Raumgeschwindigkeiten bei gleicher Einwaage auf unterschiedliche Schüttungs-dichten hinweisen. Die Raumgeschwindigkeit beim 0,25Fe/H-BEA-System ergibt sich zu $460.000\,h^{-1}$ bei einem Volumenstrom von 500 ml/min. Im Gegensatz dazu beträgt die Raumgeschwindigkeit $570.000\,h^{-1}$ für die Katalysatoren 2,5Fe-ZSM-5 und 7,5Fe-ZSM-5 sowie für die $V_2O_5$-

haltige Referenz. Neben der soeben angestellten Gegenüberstellung, zeigt eine Untersuchung von Frey et al. [172] an Fe-BEA-, Fe-ZSM-5- und $V_2O_5$-Katalysatoren ebenfalls die herausragende SCR-Aktivität der Fe-BEA-Katalysatoren. In Abbildung 7-15 sind die SCR-Aktivitäten der Katalysatoren von Frey et al. [172] (Anteil an $O_2 = 3,5$ Vol.-%, $\dot{V} = 300$ ml/min, RG = 250.000 $h^{-1}$, $m_{Kat} = 50$ mg) dargestellt, ergänzend werden die $NO_x$-Umsätze des bei hoher Raumgeschwindigkeit gemessenen 0,25Fe/H-BEA-Katalysators hinzugefügt (Volumenanteil $O_2 = 2$ Vol.-%, $\dot{V} = 500$ ml/min, RG = 460.000 $h^{-1}$, $m_{Kat} = 40$ mg).

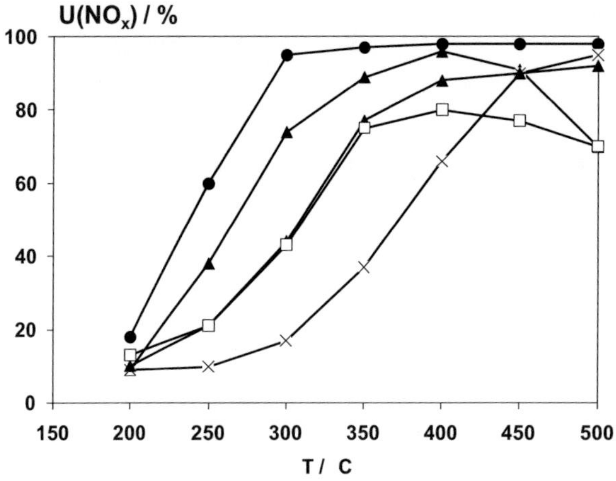


**Abbildung 7-15:** Vergleich des 0,25Fe/H-BEA-Systems (□) mit Literaturangaben [172] von 3Fe-BEA (■), 3Fe-ZSM-5- (●), 3Fe-ZSM-12- (▲) und $3V_2O_5/TiO_2$-Katalysatoren (x). Bedingungen: Volumenanteile (NO) = ($NH_3$) = 1000 ppm, Balance $N_2$.

Die beschriebenen Katalysatoren werden nach der auch in dieser Arbeit verwendeten Präparation ohne Wasserüberschuss mit $Fe(NO_3)_3$ als Eisenoxidvorstufe hergestellt. Zu beachten sind allerdings die mit 3 Ma.-% Fe bzw. V deutlich höheren Beladungen gegenüber dem 0,25Fe/H-BEA-

Katalysator. Ferner ist auch die Raumgeschwindigkeit mit 250.000 $h^{-1}$ bei einem Volumenstrom von 300 ml/min etwa um den Faktor 2 geringer. Da aber alle Katalysatoren bei ansonsten gleichen Bedingungen vermessen werden, ist die Übertragbarkeit durchaus gegeben. Die untersuchte 3Fe/H-BEA-Probe zeigt neben hohen $NO_x$-Umsätzen im Bereich tiefer Temperaturen, auch eine ausgesprochen gute SCR-Aktivität gegenüber den Vergleichsmaterialen: 3Fe/BEA > $3V_2O_5$/$TiO_2$ > 3Fe/ZSM-5 > 3Fe-ZSM-12.

Um die Qualität des Vergleiches zu erhöhen und eine Unabhängigkeit von der Katalysatoreinwaage und der Raumgeschwindigkeit zu bekommen, werden die TOF-Werte bei großen Raumgeschwindigkeiten für 250 und 300 °C für das 3Fe/H-BEA-System von Frey et al. [172], das 7,5Fe/ZSM-5-System von Qi et al. [171], das 0,26Fe/H-BEA-System von Hoj et al. [173] und den 0,25Fe/H-BEA-Katalysator aus dieser Arbeit berechnet. Bis auf Qi et al. setzen alle Autoren BEA-Zeolithe ein, die nach dem in Abschnitt 5.1 beschriebenen Verfahren mit $Fe(NO_3)_3$ als Eisenvorstufe hergestellt werden. Obwohl das 7,5Fe-ZSM-5-Muster bei 300 °C einen höheren $NO_x$-Umsatz zeigt, liegt der TOF-Wert des 0,25Fe/H-BEA-Katalysators mit $80 \cdot 10^{-3}$ $s^{-1}$ deutlich über dem des zitierten Musters mit $5,0 \cdot 10^{-3}$ $s^{-1}$. Auch zeigt der Vergleich der TOF-Werte die beachtliche SCR-Aktivität der 0,25Fe/H-BEA-Probe gegenüber den publizierten Fe/BEA-Katalysatoren (Tabelle 7-4).

**Tabelle 7-4:** TOF-Werte der 0,25Fe/HBEA-, 0,28Fe/BEA-[173], 3Fe/BEA- [172] und 7,5Fe-ZSM-5-Katalysatoren [171].

| Katalysator | $TOF \cdot 10^{-3}s^{-1}$ <br> 250°C <br> $(10^{-3}\ s^{-1})$ | $TOF \cdot 10^{-3}s^{-1}$ <br> 300°C <br> $(10^{-3}\ s^{-1})$ |
|---|---|---|
| 0,25Fe/H-BEA a | 40 | 83 |
| 0,28Fe/H-BEA b | 23 | 39 |
| 3Fe/H-BEA c | 4,6 | 7,3 |
| 7,5Fe-ZSM-5 d | | 5 |

a.) $m_{Kat}$ = 40 mg, Volumenanteile (NO) = (NH$_3$) = 1000 ppm, (O$_2$) = 2 Vol.-%, 500 ml/min,
b.) $m_{Kat}$ = 40 mg, Volumenanteile (NO) = (NH$_3$) = 500 ppm, (O$_2$) = 10 Vol.-%, 300 ml/min,
c.) $m_{Kat}$ = 50 mg, Volumenanteile (NO) = (NH$_3$) = 1000 ppm, (O$_2$) = 3,5 Vol.-%, 500 ml/min
d.) $m_{Kat}$ = 40 mg, Volumenanteile (NO) = (NH$_3$) = 1000 ppm, (O$_2$) = 2 Vol.-%, 500 ml/min,

## 7.2.2 Technische Relevanz der Fe/H-BEA-Katalysatoren

Eine Abschätzung des Potenzials der Fe/H-BEA-Katalysatoren für die anvisierte technische Verwendung im Bereich von Nutzfahrzeugen wurde durch Aktivitätsuntersuchungen unter realitätsnahen Versuchsbedingungen im Labor vorgenommen. Als Referenz für die mit Fe/H-BEA-Pulver beschichteten Wabenkörper dient ein Bohrkern aus einem $V_2O_5/WO_3/TiO_2$-haltigen Vollextrudat. Im Anschluss wurde das vielversprechendste Muster an einem Nutzfahrzeugmotorprüfstand untersucht. Hierbei diente ein mit Vanadiumoxid kommerziell beschichteter Wabenkörper als Vergleichsmaterial (Abschnitt 6.5.). Bei der im Labor eingestellten Gasmischung, die neben NO, NH$_3$ und O$_2$ auch CO, CO$_2$ und H$_2$O beinhaltete, zeigt das 1Fe/H-BEA-Beschichtungssystem gegenüber dem favorisierten 0,25Fe/H-BEA-System deutlich höhere NO$_x$-Umsätze. Eine Erklärung hierfür kann die deutlich bessere Umströmung und Porenausnutzung bei den Granulaten gegenüber den Wabenkörpern sein. Es ist des Weiteren nicht auszuschließen, dass die zu Gunsten der Machbarkeit gewählte einfache Beschichtungstechnik dazu führt, dass bei geringer Fe-Beladung die wenigen aktiven Zentren schwer zugänglich bzw. sogar überdeckt werden. Möglicherweise kompensiert der 1Fe/H-BEA-Katalysator diesen Verlust durch die größere Menge an Fe.

Die $NO_x$-Umsätze des 1Fe/H-BEA-Beschichtungssystems mit einer Katalysatorbeladung von 87 g/l, kurz 1Fe(87)/H-BEA, liegen im gesamten Temperaturbereich unter denen des $V_2O_5/WO_3/TiO_2$-Vollkatalysators, so auch z.B. bei 250 °C mit 30 % $NO_x$-Umsatz gegenüber 55 % (Abbildung 6-39). In Bezug auf die Bildung von $N_2O$ zeigt sich erneut der Vorteil des 1Fe(87)/H-BEA- gegenüber dem Vanadiumoxid-System. Liegen die $N_2O$-Selektivitäten für den 1Fe(87)/H-BEA stets unter 3 %, so erreichen sie beim $V_2O_5/WO_3/TiO_2$-Katalysator gerade bei tiefen Temperaturen Werte von 10 bzw. 20 %. Analog zu den Pulveruntersuchungen zeigt auch der beschichtete 1Fe(87)/H-BEA unter Standard-SCR-Bedingungen keinen äquimolaren Verbrauch an $NO_x$ und $NH_3$. Unterhalb 300 °C kann die $NO_2$-SCR-Reaktion sowie die Bildung/Zersetzung von Ammoniumnitrat auf Grund der minimalen Differenz in den Umsätzen von $NH_3$ und $NO_x$ bzw. der sehr geringen Selektivität an $N_2O$ ausgeschlossen werden. Unter Berücksichtigung des möglichen $NH_3$-Umsatzes am 1Fe/H-BEA-Pulver bei den Untersuchungen zur Aktivität bei der Oxidation in Abschnitt 6.2.2 (Abbildung 6-14) wird deutlich, dass die veränderte Reaktionsstöchiometrie oberhalb 250 °C wohl größtenteils auf der parallel ablaufenden $NH_3$-Oxidation am 1Fe(87)/H-BEA-Beschichtungssystem beruht. Das 1Fe/H-BEA-Pulver erreicht bei 300 °C schon $NH_3$-Umsätze von 10 % und mehr als 70 % bei 500 °C. Dies steht im Gegensatz zu den Ergebnissen am $V_2O_5$-haltigen Katalysator der bis 450 °C kaum Abweichungen von der postulierten 1:1-Umsetzung von $NO_x$ und $NH_3$ aufweist. Dennoch sind die erreichten $NO_x$-Umsätze und die geringe $N_2O$-Selektivität beachtlich und zeigen das Potenzial des 1Fe(87)/H-BEA-Systems. Schon die Änderung der Herstellungsreihenfolge, d.h. das anfängliche Mahlen des Zeoliths mit anschließender Imprägnierung bewirkt eine leichte Erhöhung der SCR-Aktivität (Anhang, Abbildung 10-12). Bei einer abweichenden Vorgehensweise ist davon auszugehen, dass das nachgeschaltete Mahlen zu einem Aufbrechen der Zeolithstruktur und somit zur Verringerung der aktiven Oberflächen führt.

Diese Abnahme an aktiven Zentren kann eine Minderung in der SCR-Aktivität bewirken, was Untersuchungen in Abschnitt 6.2.3 belegen. Hier liegt der $NO_x$-Umsatz des reinen H-BEA deutlich unterhalb des der Fe/H-BEA Muster.

Eine deutlichere Steigerung der SCR-Aktivität am 1Fe(87)/H-BEA-System kann durch den Einsatz eines Gasgemisches mit einem molaren Konzentrationsverhältnis von $c(NO_2)/c(NO_x) = 0{,}5$ erreicht werden (siehe Abschnitt 6.5.1, Abbildung 6-40). Oberhalb 200 °C werden aufgrund der „schnellen" SCR-Reaktion erwartungsgemäß $NO_x$-Umsätze zwischen 90-98 % erreicht [68, 95, 134]. Zu erwähnen ist auch hier die als Folge der „schnellen" SCR-Reaktion eintretende stöchiometrische 1:1-Umsetzung der Edukte $NO_x$ und $NH_3$ über alle Temperaturen hinweg. Hierbei wird angenommen, dass die langsamere und die in ihrer Stöchiometrie vom molaren 1:1-Verhältnis ($NO_x$ zu $NH_3$) abweichende $NO_2$-SCR-Reaktion unterdrückt wird. Das gleiche gilt auch für die bei höheren Temperaturen einsetzende $NH_3$-Oxidation.

Neben der Katalysatorpräparation und der eingesetzten Gasmischung hat auch die Behandlung des Wabenkörpers einen entscheidenden Einfluss auf die SCR-Aktivität der Beschichtungssysteme. So gelingt es z.B. durch den Einsatz einer $Al_2O_3$-Grundierung bei etwa gleichbleibender Fe-Beladung von 82 gZeolith/lKat, gegenüber 87 g/l, vor allem im Bereich unterhalb 350 °C den NOx-Umsatz um bis zu 15 % anzuheben (Abbildung 7-16).

Es wird angenommen, dass die poröse $Al_2O_3$-Grundierung die BET-Oberfläche vergrößert und zusätzlich durch die Erhöhung der Anzahl an Bronsted- und Lewis-sauren Zentren als Ammoniakspeicher wirkt. Da auch der reine H-BEA-Zeolith bereits geringe $NO_x$-Umsätze aufzeigt, ist eine zusätzlich am $Al_2O_3$

ablaufende SCR-Reaktion nicht auszuschließen. Die Anwesenheit einer $Al_2O_3$-Grundierung bewirkt aber nicht ausschließlich eine Erhöhung in der SCR-Aktivität. Es ist denkbar, dass oberhalb 400 °C auch die $NH_3$-Oxidation abläuft, worauf der leicht abfallende $NO_x$-Umsatz beim 1Fe(82)/H-BEA-Beschichtungssystem mit $Al_2O_3$-Grundierung einen Hinweis liefert. Dennoch zeigen die Untersuchungen wie das bereits erwähnte vielversprechende Potenzial des Fe/H-BEA-Beschichtungssystems mit einfachsten Mitteln verbessert werden kann.

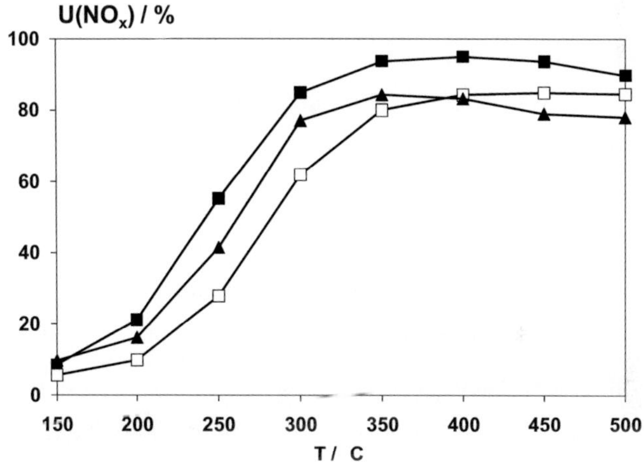


**Abbildung 7-16:** Umsatz an $NO_x$ am $V_2O_5/WO_3/TiO_2$-Vollkatalysator (■) sowie am beschichteten Wabenkörper mit 87 g/l 1Fe/H-BEA- (□) und 82 g/l 1Fe/H-BEA-Katalysator mit 100 g/l $Al_2O_3$-Grundierung (▲). Bedingungen: „Reale" SCR-Bedingungen (Tabelle 5-4), $\dot{V}$ = 6000 ml/min, RG = 50.000 $h^{-1}$.

Ergänzend zu den Laborversuchen werden die Untersuchungen durch ein Experiment im realen Betrieb gestützt. Als Abgasspender dient ein Nutzfahrzeugmotor der Firma Liebherr (Typ 934s, Leistung 115 kW, Abschnitt 6.5). Das Vergleichssystem ist ein Wabenkörper ohne Grundierung auf den eine $V_2O_5/WO_3/TiO_2$-Beschichtung industriell aufgebracht wurde. Obwohl am beschichteten 1Fe/H-BEA-Katalysator mit Grundierung höhere Umsätze erreicht wurden (Abbildung 7-16), wird zum Zweck der besseren Vergleichbarkeit ebenfalls ein Träger ohne Grundierung verwendet. Aus den Messungen wird ersichtlich, dass das 1Fe(97)/H-BEA-Beschichtungssystem bei der gewählten Dosierstrategie von $c(NH_3)/c(NO_x) = 1$ über den gesamten Temperaturbereich identische Umsätze zum industriell beschichteten $V_2O_5$-haltigen Muster zeigt (Abschnitt 6.5, Abbildung 6-42).

Die Gründe für die Abweichungen zwischen 200 und 300 °C sind vermutlich in den ansteigenden Volumenanteilen an $NO_x$ und dem geringen $NO_2$-Anteil im Abgas zu suchen. Die gegenüber den Laborwerten geringer ausfallenden Umsätze beruhen wohl vor allem auf dem Einfluss der größeren Raumgeschwindigkeiten von 50 -70.000 $h^{-1}$ gegenüber 45.000 $h^{-1}$. Da zwischen dem im Abgasstrang implementierten Oxidations- (DOC) und Reduktionskatalysator (SCR) keine Filtereinheit (DPF) geschaltet ist, enthält das Abgas betriebspunktabhängig neben den bekannten Komponenten $NO_x$, CO, $CO_2$ und $H_2O$ auch Ruß. Rußpartikel können durch Strömung und Diffusion an der Katalysatoroberfläche anhaften und so die für die SCR-Aktivität nötigen Fe-Zentren, aber auch $NH_3$-Adsorbtionsplätze, belegen. Zusammenfassend kann aber gesagt werden, dass der vergleichsweise einfach hergestellte 1Fe(97)/H-BEA-Prototyp sowohl unter definierten Laborbedingungen als auch im realen Experiment eine ausgesprochen gute SCR-Aktivität zeigt. Die vielversprechenden Ergebnisse und die Möglichkeiten zur Optimierung zeigen deutlich das hohe technische Potenzial über welches dieser Katalysatortyp verfügt.

# 8  Zusammenfassung und Ausblick

In der vorliegenden Arbeit wurde die selektive katalytische Reduktion von $NO_x$ mittels Ammoniak an eisenmodifizierten BEA-Zeolithen untersucht. Hintergrund ist die Entwicklung eines neuartigen Katalysators um den vor allem im Nutzfahrzeugbereich eingesetzten und kontrovers diskutierten Vanadiumoxid-Katalysator zu ersetzen. Dieses Fe/BEA-System zeigt vielversprechende katalytische Eigenschaften, wie z.B. eine hohe BET-Oberfläche, eine sehr gute $NH_3$-Speicherfähigkeit und ein für die ungehinderte Diffusion ausreichend großes Kanalsystem. Aus Vorversuchen und Literaturdaten war bereits bekannt, dass sowohl die eingesetzte Zeolithmatrix als auch die verwendete Menge an Aktivkomponenten einen entscheidenden Einfluss auf die SCR-Aktivität des Katalysators haben. Somit war neben der Wahl eines geeigneten Katalysatorsystems und einer optimalen Fe-Beladung, die strukturelle Untersuchung der vorhandenen Eisenspezies, die Beständigkeit gegenüber der hydrothermalen Alterung, sowie der Einfluss der Gase $H_2O$, CO, $CO_2$ und $NO_2$ Ziel der durchgeführten Arbeit. Des Weiteren wurden erste Versuche unternommen, Erkenntnisse über die ablaufenden Reaktionsschritte zu erlangen.

Als Trägermaterial für die Aktivkomponente Eisen kommt ein Zeolith vom Typ H-BEA (SüdChemie AG, München) mit einem molaren Si/Al-Verhältnis von 12,5 zum Einsatz. Der Zeolith wird durch die Incipient-Wetness-Methode, eine Präparation ohne Lösungsmittelüberschuss, imprägniert. Diese Methode wurde mit der Absicht verwendet, eine zielgerichtete Fe-Beladung zu erreichen, ohne bewusst einen Ionenaustausch vorzunehmen.

Durch die geeignete Wahl der Anfangsmenge an Eisensalz (Fe(NO$_3$)$_3$·9H$_2$O) ist es gelungen, Fe/H-BEA-Katalysatoren sowohl mit hohem als auch außerordentlich geringem Eisengehalt reproduzierbar herzustellen. Die Fe-Beladungen variieren von 0,02 bis 10 Ma.-%.

Unter den Gesichtspunkten einer möglichst hohen NO$_x$-Umsatzrate pro aktives Fe-Zentrum (TOF) und einem hohen Gesamtumsatz an NO$_x$, zeigte sich der Fe/H-BEA-Katalysator mit 0,25 Ma.-% Fe als vielversprechendstes Muster. Der 0,25Fe/H-BEA-Katalysator übertrifft den als Referenz herangezogenen ionenausgetauschten Fe-BEA-Zeolith deutlich in seiner SCR-Aktivität. Vergleiche mit einem kommerziellen V$_2$O$_5$/WO$_3$/TiO$_2$-System und aus der Literatur bekannten Fe-ZSM-5- und Fe/BEA-Katalysatoren zeigen, dass die SCR-Aktivität des 0,25Fe/H-BEA-Katalysators selbst bei sehr hohen Raumgeschwindigkeiten ($>$ 450.000 h$^{-1}$) in der gleichen Größenordnung liegt. Die für den 0,25Fe/H-BEA-Katalysator ermittelten Werte der „Turnover Frequency" liegen sogar über denen der zitierten Referenzproben.

Durch Untersuchungen mit Hilfe der BET-, XRD- und HTPR-Analyse sowie der DR-UV/VIS-, Mößbauer- und XANES-Spektroskopie, ist es gelungen, die vorliegenden Eisenspezies zu charakterisieren. So beinhalten die Katalysatoren mit Fe-Beladungen unter 0,25 Ma.-% Fe-Oxo-Zentren, die als monomere bzw. oligomere Strukturen vorliegen. Bei den Katalysatoren mit Fe-Gehalten von 0,25 bis 1 Ma.-% dominieren ebenfalls die isolierten und oligomeren Fe-Spezies, es werden aber auch geringe Mengen an partikulären Fe-Einheiten vorgefunden. Ausnahmen bilden die Katalysatoren mit Fe-Gehalten oberhalb 2 Ma.-%; hier werden neben den genannten Fe-Oxo-Spezies vor allem sehr große Mengen an Fe$_2$O$_3$-Agglomeraten auf der äußeren Oberfläche gefunden. Des Weiteren zeigen die XANES- und Mößbauer-Experimente, dass die als aktive Zentren identifizierten high-spin Fe-Einheiten in der Oxidationsstufe $^{3+}$ vorliegen. Die Kopplung dieser Erkenntnisse mit den ermittelten NO$_x$- und

$NH_3$-Umsätzen erlauben es, den einzelnen Fe-Spezies eine spezifische SCR-Aktivität zuzuweisen. Es kann gesagt werden, dass isolierte Fe-Oxo-Spezies die höchste SCR-Aktivität besitzen, während partikuläre Einheiten den geringsten Beitrag zur SCR-Reaktion liefern. Die Spezies der oligomeren Fe-Oxo-Einheiten besitzen eine verminderte Aktivität gegenüber den isolierten Einheiten, sie sind aber deutlich aktiver als die partikulären Zentren. Die $NH_3$-Oxidation hingegen läuft an partikulären Einheiten bevorzugt ab. Die ausgesprochen gute Aktivität des 0,25Fe/H-BEA-Katalysators erklärt sich somit aus einem hohen Anteil an isolierten Fe-Oxo-Einheiten sowie geringen Anteilen an oligomeren Fe-Einheiten, während agglomerierte Eisenzentren hier nicht gefunden werden.

Eine ausführliche Bewertung des 0,25Fe/H-BEA-Katalysators zeigt, dass die Anwesenheit von $H_2O$ im Eduktgas zu einer Verminderung der SCR-Aktivität führt. Dabei muss zwischen einer reversiblen, $H_2O$ belegt die $NH_3$-Adsorptionsplätze, und einer irreversiblen Desaktivierung, der hydrothermalen Alterung, unterschieden werden. Die zusätzliche Imprägnierung des 0,25Fe/H-BEA-Katalysators mit Metalloxiden wie $WO_3$, $MoO_3$, $ZrO_2$, $CaO$, $MgO$, $La_2O_3$ oder $Y_2O_3$ als Sinterbarrieren bzw. Promotoren zur Hemmung der Desaktivierung bei der hydrothermalen Alterung waren nicht erfolgreich.

Der Einsatz von Zeolithen mit verschiedenen molaren Si/Al-Verhältnissen (12,5, 25 und 75) hat gezeigt, dass der 0,25Fe/H-BEA-Katalysator mit einem molaren Si/Al-Verhältnis von 12,5 die besten katalytischen Eigenschaften aufweist. Dieser Minderung der SCR-Aktivität geht einher mit steigendem Si/Al-Verhältnis, die Anzahl an Lewis- und Bronsted- sauren Zentren sinkt und mit ihnen die Möglichkeit zur $NH_3$-Adsorbtion. Neben einer guten Beständigkeit gegenüber hydrothermaler Alterung weist das Fe/H-BEA-System auch eine geringe Neigung zur Bildung von $N_2O$ auf. Größere Volumenanteile an $O_2$ im Abgasstrom bewirken eine Erhöhung der $NO_x$-Umsätze bei tiefen

Temperaturen, CO und $CO_2$ zeigen keinen Einfluss auf die SCR-Aktivität. Durch die Erhöhung des Konzentrationsverhältnisses auf $c(NO_2)/c(NO_x) = 0{,}5$ kann die Reduktion von $NO_x$ deutlich gesteigert werden. Vor allem im Bereich tiefer Temperaturen zeigte sich eine deutliche Erhöhung der $NO_x$-Umsätze. Auch der reine H-BEA-Träger weist bei diesem $NO_2/NO_x$-Konzentrationsverhältnis eine ausgesprochen gute $NO_x$-Minderung auf. Hervorzuheben ist auch, dass die zuvor beschriebene Minderung in der SCR-Aktivität durch $H_2O$ oder hydrothermale Alterung in Anwesenheit eines stöchiometrischen 1:1-Verhältnis von NO zu $NO_2$ deutlich geringer ausfällt. Außerdem zeigte ein Prototypenversuch am Motorprüfstand mit dem auf einen Wabenkörper beschichteten 1Fe/H-BEA-Katalysator das Potenzial des Katalysators; die $NO_x$-Umsätze im Realabgas entsprechen denen des mit $V_2O_5/WO_3/TiO_2$ kommerziell beschichteten Cordieritträgers.

Trotz der Tatsache, dass mit dem 0,25Fe/H-BEA-Katalysator ein hoch aktives und auch recht alterungsbeständiges System gefunden wurde, sind im Hinblick auf die zukünftige Anwendung von Fe/H-BEA-Katalysatoren in Diesel-Nutzfahrzeugen weiterführende Untersuchungen unerlässlich. Es bleibt die Aufgabe, die Aktivität und Stabilität des Katalysatorsystems weiter zu erhöhen. Hierzu muss die Anzahl an isolierten Fe-Zentren erhöht werden und noch weitere Promotoren zur Stabilisierung dieser Fe-Einheiten ausprobiert werden. Daneben sollten die im Rahmen dieser Arbeit charakterisierten Proben auf ihre katalytischen Eigenschaften in Gegenwart des Katalysatorgiftes $SO_2$ weiterführend getestet werden.

So zeigt die Arbeit, dass mit dem 0,25Fe/H-BEA-Katalysator ein ausgesprochen vielversprechender Katalysator für die selektive katalytische Reduktion von Stickstoffoxiden mittels $NH_3$ bei Nutzfahrzeugen gefunden wurde. Der 0,25Fe/H-BEA-Katalysator besitzt im Vergleich zu zitierten SCR-Katalysatoren die beste „Turnover Frequency", eine gegenüber dem kommerziellen $V_2O_5/WO_3/TiO_2$-System bessere SCR-Aktivität bei tiefen Temperaturen sowie eine bessere Beständigkeit gegen über hydrothermaler Alteurng. Ferner zeigte der Prototypenversuch im Realabgas eine dem kommerziellen $V_2O_5/TiO_2$-System identische SCR-Aktivität.

# 9 Literaturverzeichnis


[1]     Deutsche Shell AG, *Fakten und Argumente*, Shell Press, **1997**.

[2]     World Health Organisation, *Health Aspects of Air Pollution with Particulate Matter, Ozone and Nitrogen Dioxide*, WHO Press, **2003**.

[3]     World Health Organisation, *Air quality guidelines for Europe* WHO Press, **2000**.

[4]     Umweltbundesamt, *Nationale Trendtabellen für die deutsche Berichterstattung atmosphärischer Emissionen, Emissionsentwicklung 1990-2007*, **2009**.

[5]     ADAC, *ADACMotorwelt, Zeitschrift Nr. 5*, **2005**.

[6]     Kommission der Europäischen Gemeinschaft, *Richtlinien des Europäischen Parlaments und Rates über die Luftqualität und saubere Luft in Europa*, **2005**.

[7]     C. Brinkmeier, F. Opferkuch, U. Tuttlies et al., *Chemie Ingenieur Technik* **2005**, *77*, 1333.

[8]     K. Mollenhauer, H. Tschöke, *Handbuch Dieselmotoren, 3*, Springer-Verlag, Berlin, **2007**.

[9]     World Health Organisation, *Air quality guidelines for particulate matter, ozone, nitrogen dioxide and sulfur dioxide*, WHO Press, **2006**.

[10]    H. J. Kwon, J. H. Baik, Y. T. Kwon et al., *Chemical Engineering Science* **2007**, *62*, 5042.

[11]    N. Takahashi, H. Shinjoh, T. Iijima et al., *Catalysis Today* **1996**, *27*, 63.

[12]    M. Iwamoto, H. Yahiro, Y. Yu-u et al., *Shokubai* **1990**, *32*, 430.

[13]    R. M. Heck, J. M. Chen, B. K. Speronello, *Proceedings Annual Meeting - Air & Waste Management Association* **1993**, *86TH*, 93MP7 01.

[14]    V. Tufano, M. Turco, *Applied Catalysis B: Environmental* **1993**, *2*, 9.

[15]    R. Aneja, K. Flathmann, C. Savonen et al., *Proceedings of the Detroit Diesel Corporation* **2004**, *10th Annual DEER Conference*, 87.

[16]    P. Balle, B. Geiger, S. Kureti, *Applied Catalysis B: Environmental* **2009**, *85*, 109.

[17]    J. Eng, C. H. Bartholomew, *Journal of Catalysis* **1997**, *166*, 14.

[18]    K. Krishna, G. B. F. Seijger, C. M. van den Bleek et al., *Chemical Communications* **2002**, 2030.

[19]    A.-Z. Ma, W. Grunert, *Chemical Communications* **1999**, 71.

[20] G. Busca, M. A. Larrubia, L. Arrighi et al., *Catalysis Today* **2005**, *107-108*, 139.

[21] J. Warnatz, U. Maas, R. W. Dibble, *Verbrennung, 3*, Springer-Verlag, Berlin, **2001**.

[22] E. Pantow, J. Kern, M. Banzhaf et al., *Society of Automotive Engineers* **2001**, 1716.

[23] B. J. Copper, H. J. Jung, J. E. Thoss, *U.S. Patent, 4902487* (Ed.: J. Matthey), **1990**.

[24] B. J. Copper, J. E. Thoss, *Society of Automotive Engineers* **1989**, *0404*.

[25] M. Hilgendorff, *Topics in Catalysis* **2004**, *30-31*, 155.

[26] M. Jahn, Dissertation, Universität Berlin (TU) **1999**.

[27] J. Shibata, M. Hashimoto, K.-i. Shimizu et al., *Journal of Physical Chemistry B* **2004**, 18327.

[28] M. Guyon, P. Blanche, C. Bert et al., *SAE Paper 2000* **2000**, *01*, 2910.

[29] J. Koop, O. Deutschmann, *Society of Automotive Engineers* **2007**, 1142.

[30] C. Lidia, I. Nova, L. Luca et al., *Progress in Catalysis Research* **2005**, 119.

[31] B. Krutzsch, E. Zimmer, G. Wenninger et al., *Society of Automotive Engineers* **1997**, *0746*.

[32] R. Dorenkamp, *Dieseltechnologien für zukünftige Emissionserfüllung*, 3. FAD Konferenz Dresden, **2005**.

[33] V. Tufano, M. Turco, *Applied Catalysis, B* **1993**, *2*, 9.

[34] W.-P. D. Trautwein, *Deutsche Wissenschaftliche Gesellschaft für Erdöl, Erdgas und Kohle e.V. DGMK Forschungsbericht 616-2* **2005**.

[35] L. Mußmann, R. Sesselmann, W. Schneider et al., *Entwicklung hochtemperaturstabiler SCR-Katalystoren für zukünfige Konzepte zur Diesel Abgasnachbehandlung*, 3. Emission Control 18.-19- Mai 2006, Tagungsband, **2006**, pp. 233.

[36] G. Piazzesi, M. Devadas, O. Kröcher et al., *Catalysis Communications* **2006**, *7*, 600.

[37] M. Anstrom, N.-Y. Topsoe, J. A. Dumesic, *Journal of Catalysis* **2003**, *213*, 115.

[38] N.-Y. Topsoe, H. Topsoe, J. A. Dumesic, *Journal of Catalysis* **1995**, *151*, 226.

[39] C. Ciardelli, I. Nova, E. Tronconi, *Chemical Communications* **2004**, 2718.

[40] M. Koebel, M. Elsener, G. Madia, *Industrial & Engineering Chemistry Research* **2001**, *40*, 52.

[41] I. Nova, C. Ciardelli, E. Tronconi et al., *Catalysis Today* **2006**, *114*, 3.

[42] M. Devadas, O. Kröcher, M. Elsener et al., *Applied Catalysis B: Environmental* **2006**, *67*, 187.

[43]  A. Ates, *Applied Catalysis B: Environmental* **2007**, *76*, 282.

[44]  W. Held, A. König, T. Richter et al., *Society of Automotive Engineers* **1990**, *4900*.

[45]  D. H.-J. Eberle, *Metalloxide als Katalysatoren für die selektive katalytische Reduktion von Stickoxiden mit Kohlenwasserstoffen, Bericht,Teilprojekt A4*, Bayerischer Forschungsverbund Katalyse.

[46]  J. P. Breen, R. Burch, C. Hardacre et al., *Applied Catalysis B: Environmental* **2007**, *70*, 36.

[47]  J. P. Breen, R. Burch, C. J. Hill, *Catalysis Today* **2008**, *145*, 34.

[48]  I. Nova, L. Lietti, L. Castoldi et al., *Journal of Catalysis* **2006**, *239*, 244.

[49]  F. J. P. Schott, P. Balle, J. Adler et al., *Applied Catalysis B: Environmental* **2008**, *87*.

[50]  F. J. P. Schott, S. Kureti, *WO2007020035(A1)*, **2007**.

[51]  C. N. Costa, P. G. Savva, C. Andronikou et al., *Journal of Catalysis* **2002**, *209*, 456.

[52]  C. N. Costa, V. N. Stathopoulos, V. C. Belessi et al., *Journal of Catalysis* **2001**, *197*, 350.

[53]  L. J. Alemany, F. Berti, G. Busca et al., *Applied Catalysis B: Environmental* **1996**, *10*, 299.

[54]  A. Kato, S. Matsuda, T. Kamo et al., *Journal of Physical Chemistry A* **1981**, *85*, 4099.

[55]  R. Q. Long, R. T. Yang, *Applied Catalysis B: Environmental* **2000**, *27*, 87.

[56]  R. Q. Long, R. T. Yang, *Journal of Catalysis* **2002**, *207*, 158.

[57]  J. P. Chen, M. C. Hausladen, R. T. Yang, *Journal of Catalysis* **1995**, *151*, 135.

[58]  L. Chmielarz, P. Kustrowski, M. Zbroja et al., *Applied Catalysis B: Environmental* **2004**, *53*, 47.

[59]  Z. Liu, P. J. Millington, J. E. Bailie et al., *Microporous and Mesoporous Materials* **2007**, *104*, 159.

[60]  R. Q. Long, R. T. Yang, *Journal of Catalysis* **1999**, *188*, 332.

[61]  G. Ramis, L. Yi, G. Busca et al., *Journal of Catalysis* **1995**, *157*, 523.

[62]  M. Wallin, S. Forser, P. Thormaehlen et al., *Industrial & Engineering Chemistry Research* **2004**, *43*, 7723.

[63]  M. Brandhorst, J. Zajac, D. J. Jones et al., *Applied Catalysis B: Environmental* **2005**, *55*, 267.

[64]  Y. Wan, J. Ma, Z. Wang et al., *Journal of Catalysis* **2004**, *227*, 242.

[65]  G. Qi, R. T. Yang, R. Chang, *Catalysis Letters* **2003**, *87*, 67.

[66]  R. Q. Long, R. T. Yang, *Journal of Catalysis* **2002**, *207*, 224.

[67]  O. A. Anunziata, A. R. Beltramone, E. J. Lede et al., *Journal of Molecular Catalysis A* **2007**, *Chemical 267*, 272.

[68] P. Balle, B. Geiger, S. Kureti, *Applied Catalysis B: Environmental* **2008**, *85*, 109.

[69] J. Eng, C. H. Bartholomew, *Journal of Catalysis* **1997**, *171*.

[70] D. W. Breck, *John Wiley Sons Inc., New York, London, Sydney, Toronto* **1974**.

[71] I. Chorkendorff, J. W. Niemantsverdriet, *Concepts of Modern Catalysis and Kinetics*, VCH Verlagsgesellschaft, Weinheim, **2003**.

[72] W. M. Meier, D. H. Olson, *Butterworth-Heinemann* **1992**.

[73] C. Perego, P. Villa, *Catalysis Today* **1997**, *34*, 281.

[74] M. Schwidder, F. Heinrich, M. S. Kumar et al., *Studies in Surface Science and Catalysis* **2004**, *154C*, 2484.

[75] H.-Y. Chen, W. M. H. Sachtler, *Catalysis Letters* **1998**, *50*, 125.

[76] K. Krishna, G. B. F. Seijger, C. M. van den Bleek et al., *Catalysis Letters* **2003**, *86*, 121.

[77] R. Q. Long, R. T. Yang, *Catalysis Letters* **2001**, *74*, 201.

[78] S. Suarez, J. A. Martin, M. Yates et al., *Journal of Catalysis* **2005**, *229*, 227.

[79] S. Dzwigaj, J. Janes, J. Gurgul et al., *Applied Catalysis B: Environmental* **2009**, *85*, 131.

[80] L. Olsson, H. Sjövall, R. J. Blint, *Applied Catalysis B: Environmental* **2008**, *81*, 203.

[81] B. K. Gullett, K. R. Bruce, L. O. Beach et al., *Chemosphere* **1992**, *25*, 1387.

[82] O. A. Anunziata, A. R. Beltramone, F. G. Requejo, *Journal of Molecular Catalysis A* **2007**, *Chemical 267*, 194.

[83] C. Ciardelli, I. Nova, E. Tronconi et al., *Chemical Engineering Science* **2004**, *59*, 5301.

[84] I. Nova, C. Ciardelli, E. Tronconi et al., *American Institute of Chemical Engineers Journal* **2006**, *52*.

[85] Y. Kobayashi, N. Tajima, H. Nakano et al., *Journal of Physical Chemistry B* **2004**, *108*, 12264.

[86] K. Jug, T. Homann, T. Bredow, *Journal of Physical Chemistry A* **2004**, *108*, 2966.

[87] J. A. Dumesic, N.-Y. Topsoe, H. Topsoe et al., *Journal of Catalysis* **1996**, *163*, 409.

[88] H. Y. Huang, R. Q. Long, R. T. Yang, *Applied Catalysis A: General* **2002**, *235*, 241.

[89] Q. Sun, Z.-X. Gao, H.-Y. Chen et al., *Journal of Catalysis* **2001**, *201*, 89.

[90] D. Chatterjee, T. Burkhardt, M. Weibel et al., *Society of Automotive Engineers* **2006**, 0468.

[91] E. Tronconi, I. Nova, C. Ciardelli et al., *Catalysis Today* **2005**, *105*, 529.

[92]  D. Chatterjee, T. Burkhardt, M. Weibel et al., *Society of Automotive Engineers* **2007**, 1136.

[93]  A. Schuler, M. Votsmeier, S. Malmberg et al., *Society of Automotive Engineers* **2007**, 1323.

[94]  Q. Sun, Z.-X. Gao, B. Wen et al., *Catalysis Letters* **2002**, *78*, 1.

[95]  C. Ciardelli, I. Nova, E. Tronconi et al., *Applied Catalysis B: Environmental* **2007**, *70*, 80.

[96]  C. Ciardelli, I. Nova, E. Tronconi et al., *Chemical Engineering Science* **2007**, *62*, 5001.

[97]  A. Grossale, I. Nova, E. Tronconi et al., *Journal of Catalysis* **2008**, *256*, 312.

[98]  W. Weisweiler, C. Walz, *Chemie Ingenieur Technik* **2002**, *74*, 117.

[99]  G. Leofanti, G. Tozzola, M. Padovan et al., *Catalysis Today* **1997**, *34*, 307.

[100]  P. W. Atkins, *VCH Verlagsgesellschaft, Weinheim* **1988**.

[101]  G. Leofanti, M. Padovan, G. Tozzola, *Catalysis Today* **1988**, *41*, 207.

[102]  J. Seifert, G. Emig, *Chemie Ingenieur Technik* **1987**, *59*, 475.

[103]  M. Binnewies, M. Jäckel, H. Willner, *Spektrum Akademischer Verlag* **2004**, 151.

[104]  J. W. Niemantsverdriet, *VCH Verlagsgesellschaft, Weinheim* **1995**.

[105]  M. Otto, *VCH Verlagsgesellschaft, Weinheim* **1995**, 187ff.

[106]  A. R. West, *Grundlagen der Festkörperchemie*, VCH Verlagsgesellschaft, Weinheim, **1992**.

[107]  M. Binnewies, M. Jäckel, H. Willner, *Spektrum Akademischer Verlag* **2004**, 26.

[108]  M. Otto, *VCH Verlagsgesellschaft, Weinheim* **1995**, 222f.

[109]  L. Klotz, G. Kaiser, P. Tschöpel et al., *Journal of Analytical Chemistry* **1972**, *260*, 207.

[110]  G. Margaritondo, *Oxford University Press* **2002**.

[111]  T. Baumbach, J. Göttlicher, M. Hagelstein, *ANKA - Instrumentation Book*, Forschungszentrum Karlsruhe, **2006**.

[112]  K. M. Kemner, S. D. Kelly, K. A. Orlandini et al., *Journal of Synchrotron Radiation* **2001**, *8*, 949.

[113]  R. M. Cornell, U. Schwertmann, *The Iron Oxides, 2nd edition*, Wiley-VCH, Weinheim, **2003**.

[114]  G. Lehmann, *Zeitschrift Physikalische Chemie* **1970**, *Neue Folge 72*, 279.

[115]  Y. P. He, Y. M. Miao, C. R. Li et al., *Physical Review* **2005**, *B 71*, 125411.

[116]  P. Kubelka, F. Munk, *Zeitschrift für technische Physik* **1931**, *1*, 593.

[117] L. V. Pirutko, V. S. Chernyavsky, *Applied Catalysis A: General* **2002**, *227*, 45.

[118] S. Samanta, S. Giri, P. U. Sastry et al., *Industrial & Engineering Chemistry Research* **2003**, *42*, 3012.

[119] A. A. Alk, *Applied Surface Science* **2004**, *233*, 307.

[120] J. Hubeey, E. Keiter, R. Keiter, *Anorganisch Chemie, 2. Auflage*, d Gruyter Verlag, Berlin - New York, **1995**.

[121] D. M. Sherman, *Physics Chemistry Minerals* **1985**, *12*, 161.

[122] M. Binnewies, M. Jäckel, H. Willner, *Spektrum Akademischer Verlag* **2004**, 287.

[123] S. J. Oh, D. C. Cook, H. E. Townsend, *Hyperfine Interactions* **1997**, 112.

[124] J. Villinger, W. Federer, R. Resch et al., *Society of Automotive Engineers* **1993**, *2017*.

[125] C. Seidler, Diplomarbeit, Universität Karlsruhe (TH) **2008**.

[126] D. A. M. Monti, A. Baiker, *Journal of Catalysis* **1983**, *83*, 323.

[127] S. Kureti, P. Balle, B. Geiger, *US2007173404(A1)*, **2007**.

[128] F. Heinrich, Dissertation, Universtität Bochum **2002**.

[129] F. Heinrich, C. Schmidt, E. Löffler et al., *Journal of Catalysis* **2002**, *212*, 157.

[130] J. A. Morice, L. V. C. Rees, *Imperial College of Science and Technology* **1967**, *7*, 1388.

[131] J. Perez-Ramirez, J. C. Groen, A. Brueckner et al., *Journal of Catalysis* **2005**, *232*, 318.

[132] M. Schwidder, M. S. Kumar, A. Brueckner et al., *Chemical Communications* **2005**, 805.

[133] L. Olsson, H. Karlsson, *Catalysis Today* **2009**, *147*, 290.

[134] M. Schwidder, S. Heikens, A. De Toni et al., *Journal of Catalysis* **2008**, *259*, 96.

[135] R. Q. Long, R. T. Yang, *Journal of Catalysis* **2002**, *207*, 224.

[136] N. R. Burke, D. L. Trimm, R. F. Howe, *Applied Catalysis B: Environmental* **2003**, *46*, 97.

[137] W. E. J. Van Kooten, J. Kaptein, C. M. van den Bleek et al., *Catalysis Letters* **1999**, *63*, 227.

[138] J. A. Z. Pieterse, G. D. Pirngruber, J. A. v. Bokhoven, *Applied Catalysis B: Environmental* **2007**, *71*, 16.

[139] D. Klukowski, P. Balle, B. Geiger et al., *Applied Catalysis B: Enviromental* **2009**, *93*, 185.

[140] G. Berlier, M. Pourny, S. Bordiga et al., *Journal of Catalysis* **2005**, *229*, 45.

[141] L. Galoisy, G. Calas, M. A. Arrio, *Chemical Geology* **2001**, *174*, 307.

[142] Z. Wu, M. Bonning-Mosbah, J. P. Duraud et al., *Journal of Synchrotron Radiation* **1999**, *6*, 344.

[143] B. C. Lippens, B. G. Linsen, J. H. de Boer, *Journal of Catalysis* **1964**, *3*, 32.

[144] H.-Y. Lin, Y.-W. Chen, C. Li, *Thermochimica Acta* **2003**, *400*, 61.

[145] G. Munteanu, L. Ilieva, D. Andreeava, *Thermochimica Acta* **1997**, *291*, 171.

[146] B. Coq, M. Mauvezin, G. Delahay et al., *Applied Catalysis B: Environmental* **2000**, *27*, 193.

[147] D. M. Sherman, D. T. Waite, *American Mineralogist* **1985**, *Volume 70*, 1262.

[148] S. Bordiga, R. Buzzoni, F. Geobaldo et al., *Journal of Catalysis* **1996**, *158*, 486.

[149] M. Schwidder, M. S. Kumar, K. Klementiev et al., *Journal of Catalysis* **2005**, *231*, 314.

[150] M. S. Kumar, M. Schwidder, W. Gruenert et al., *Journal of Catalysis* **2004**, *227*, 384.

[151] M. S. Kumar, M. Schwidder, W. Grünert et al., *Journal of Catalysis* **2006**, *239*, 173.

[152] A. A. Battiston, J. H. Bitter, F. M. F. de Groot et al., *Journal of Catalysis* **2003**, *213*, 251.

[153] A. P. Grosvenor, B. A. Kobe, N. S. McIntyre, *Surface Science* **2004**, *572*, 217.

[154] A. P. Grosvenor, B. A. Kobe, N. S. McIntyre, *Surface Science* **2005**, *574*, 317.

[155] M. Iwasaki, K. Yamazaki, K. Banno et al., *Journal of Catalysis* **2008**, *260*, 205.

[156] G. Berlier, G. Spoto, S. Bordiga et al., *Journal of Catalysis* **2002**, *208*, 64.

[157] L. Galoisy, G. Calas, M. A. Arrio, *Chemical Geology* **2001**, *174*, 307.

[158] E. Hensen, Q. Zhu, P.-H. Liu et al., *Journal of Catalysis* **2004**, *226*, 466.

[159] S. Brandenberger, O. Kröcher, A. Wokaun et al., *Journal of Catalysis* **2009**, *268*, 297.

[160] A. Jentys, G. Warecka, M. Derewinski et al., *Journal of Physical Chemistry* **1989**, *93*, 4837.

[161] G. Bagnasco, *Journal of Catalysis* **1996**, *159*, 784.

[162] A. M. Camiloti, S. L. Jahn, N. D. Velasco et al., *Applied Catalysis A: General* **1999**, *182*, 107.

[163] L. Rodriguez-Gonzalez, E. Rodriguez-Castellon, A. Jimenez-Lopez et al., *Solid State Ionics* **2008**, *179*, 1968.

[164] P. Balle, B. Geiger, D. Klukowski et al., *Applied Catalysis B: Environmental* **2009**, *91*, 587.

[165] J.-H. Park, H. J. Park, J. H. Baik et al., *Journal of Catalysis* **2006**, *240*, 47.

[166] L. Ding, Y. Zheng, Y. Hong et al., *Microporous and Mesoporous Materials* **2007**, *101*, 432.

[167] A. Akah, C. Cundy, A. Garforth, *Applied Catalysis B: Environmental* **2005**, *59*, 221.

[168] G. Delahay, D. Valade, A. Guzman-Vargas et al., *Applied Catalysis B: Environmental* **2005**, *55*, 149.

[169] S. Brandenberger, O. Kröcher, A. Tissler et al., *Catalysis Reviews* **2008**, *50*, 492.

[170] R. Q. Long, R. T. Yang, *Journal of Catalysis* **1999**, *186*, 254.

[171] G. Qi, R. T. Yang, *Applied Catalysis B: Environmental* **2005**, *60*, 13.

[172] A. M. Frey, S. Mert, J. Due-Hansen et al., *Catalysis Letters* **2009**, *130*, 1.

[173] M. Hoj, M. J. Beier, J.-D. Grunwaldt et al., *Applied Catalysis B: Environmental* **2009**, *93*, 166.

[174] W. M. Meier, D. H. Olson, *Atlas of Zeolite Structure Types*, Butterworth-Heinemann, Oxford, **1992**.

[175] R. W. J. Wedd, B. V. Liengme, J. C. Scott et al., *Solid State Communications* **1969**, *7*, 1091.

[176] T. F. Coleman, Y. Li, *Mathematical Programming* **1994**, *67*, 189.

[177] The MathWorks Inc., *Matlab-Optimization Toolbox User's Guide*, **2000**.

[178] G. Emig, E. Klemm, *Technische Chemie 5. Auflage*, Springer-Verlag, Berlin, **2005**.

[179] M. Baerns, H. Hofmann, A. Renken, *Georg Thieme Verlag Stuttgart - New York* **1999**, 339.

[180] VDI, *VDI - Wärmeatlas* VDI Verlag GmbH, Düsseldorf, **1994**.

[181] K. W. McHenry, R. H. Wilhelm, *American Institute of Chemical Engineers Journal* **1957**, *3*.

# 10 Anhang

## Symbol-Verzeichnis

| Symbol | Bezeichnung | Einheit |
| --- | --- | --- |
| $Bo_{ax}$ | Axiale Bodenstein-Zahl | --- |
| $Pe_{ax}$ | Axiale Peclet-Zahl | --- |
| $S_{BET}$ | BET-Oberfläche | m2/g |
| $D_{12}$ | Binärer Diffusionskoeffizient | m2/s |
| $\Theta$ | Bragg-/Beugungswinkel | ° |
| P | Druck | bar |
| HF | Hyperfeinaufspaltung | Tesla |
| $d, d_i$ | Innen-Durchmesser | mm |
| $\delta$, IS | Isomerieverschiebung | mm/s |
| ci | Konzentration der Spezies i | mol/m3 |
| $m_{Kat}$ | Masse an eingesetztem Katalysator | mg |
| $m_i$ | Masse der Spezies i | g |
| N | Mößbauer-Quellengeschwindigkeit | mm/s |
| $d_p$; $r_p$ | Partikeldurchmesser bzw. Radius | m |
| E | Porosität | --- |
| $\Delta$EQ, QS | Quadrupol-Aufspaltung | mm/s |
| RG | Raumgeschwindigkeit | $h^{-1}$ |
| RT | Raumtemperatur | °C bzw. K |
| Re | Reynolds-Zahl | --- |
| Sc | Schmidt-Zahl | --- |
| $\lambda_{O2}$ | Stöchiometrische $O_2$-Verhältnis bei der | --- |
| $\beta$ | Stoffübergangskoeffizient | m/s |
| u | Strömungsgeschwindigkeit | m/s |
| TOF | Turnover-Frequency | $s^{-1}$ |
| $U_i$ | Umsatz an Spezies i | % |
| ppm | Volumenanteil an Spezies i | |
| $\dot{V}$ | Volumenstrom | m3/s |
| $\lambda$ | Wellenlänge | nm |
| cpsi | Zelldichte | Zellen/inch$^2$ |

# Abkürzungen

| Abkürzung | Bedeutung |
| --- | --- |
| BEA | Beta-Zeolith |
| BJH | Berechnungsmethode nach B. Lippens, J.H. de Boer |
| CIMS | Chemisch-Ionisierendes-Massenspektrometer |
| CVD | Engl.Chemical-Vapor-Deposition (Chem. Gasphasenabscheidung |
| DFT | Dichtefunktionaltheorie |
| DOC | Diesel Oxidations Katalysator |
| DPF | Dieselpartikelfilter |
| DRIFT | Diffuse-Reflexion-Fourier-Transformation |
| EXAFS | Engl Extended-X-Ray Absorbtion-Fine-Structure |
| FTIR | Fourier-Transformiertes-Infrarot |
| HC | Engl Hydrocarbon / Kohlenwasserstoff |
| HRTEM | Hochauflösende-Transmissionselektronenmikroskopie |
| HTPR | Temperaturprogrammierte Reduktion mittels $H_2$ |
| ICW | Incipient-Wetness, Tränkung ohne Lösungsmittelüberschuss |
| LIE | Liquid-Ion-Exchange, flüssiger Ionenaustausch |
| LMCT | Engl. Ligand-Metal-Charge-Transfer, Liganden-Metall-Ladungsübergang |
| MAK | Maximale Arbeitsplatzkonzentration |
| MFI | ZSM-Zeolith |
| NDIR | Nicht-Dispersive-Infrarot-Spektroskopie |
| NFZ | Nutzfahrzeug |
| $NO_x$ ($NO + NO_2$) | Stickstoffoxide |
| NSK | $NO_x$-Speicher-Katalysator |
| PFR | Engl. Plug-Flow-Reaktor, Strömungsrohr |
| PKW | Personenkraftwagen |
| SCR | Engl. Selective Catalytic Reduction |
| SSIE | Engl. Solid-State-Ion-Exchange, Feststoffionenaustausch |
| SSITKA | Engl. Steady-State-Isotopic-Transient-Kinetic-Analysis |
| STP | Standard Temperatur und Druck |
| TPD | Temperatur programmierte Desorption |
| UV/VIS | Spektroskopie im Bereich des ultraviolletten und sichtbaren Lichts |
| XANES | Engl. X-Ray Absorption-Near-Edge-Structure |
| XRD | Röntgendiffraktometrie |

## Zeolith vom Typ BEA

Technische Daten [174]:

Raumgruppe:     P4122

Strukturformel     X+7| [Al7Si57 O128], X = Na, H, NH4+, etc…

Gitterparameter:

a = 12.632 Å     b = 12.632 Å     c = 26.186 Å

$\alpha$ = 90.000 °     $\beta$ = 90.000 °     $\gamma$ = 90.000°

Volume =     4178.43 Å3

RDLS =     0.0022

Zelldichte (ZDSi):     15.3 T/1000 Å3

Topologische Dichte:     TD10 = 805     TD = 0.704545

Ringgrößen der primären Einheiten (T-atoms)     12  6  5  4

Kanalsystem:     3-dimensional

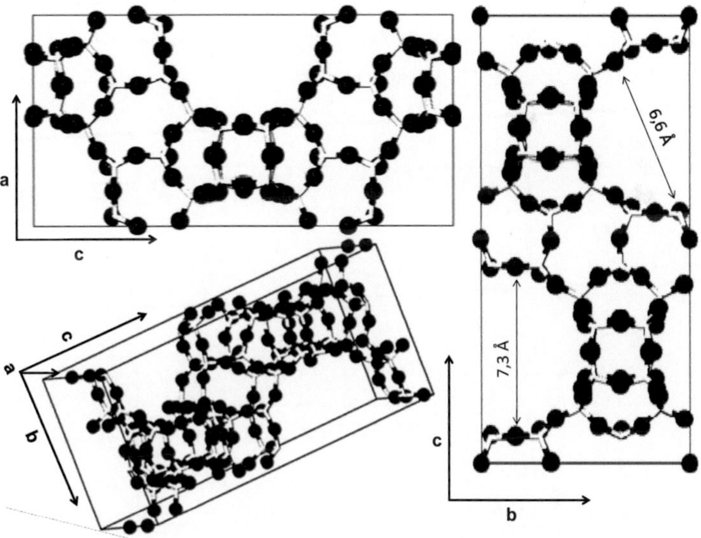


**Abbildung 10-1:** Darstellung der Si-O-Bindungen des BEA-Zeoliths in einer Einheitszelle mit den Gitterparameter a = 12,632 Å, b = 12,632 Å und c = 26,186 Å. O-Atome (Kreise), Si-Atom jeweils zwischen 2 O-Atomen (Verbindungsstück).

# Abbildungen

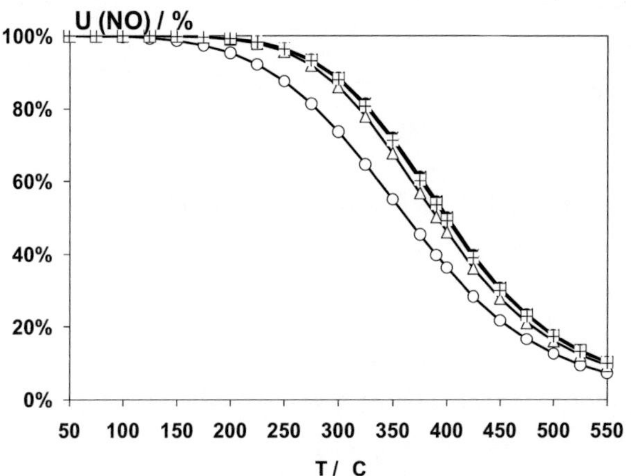



**Abbildung 10-2:** NO-$O_2$-Gleichgewicht in Abhängigkeit der Temperatur und des $O_2$-Gehaltes an einem Pt/$Al_2O_3$ mit 2 Ma.-% Pt. Bedingung: Volumenanteile (NO) = 500 ppm, ($O_2$) = 0,025 – 10 Vol.-%, Balance $N_2$, 500 ml/min.

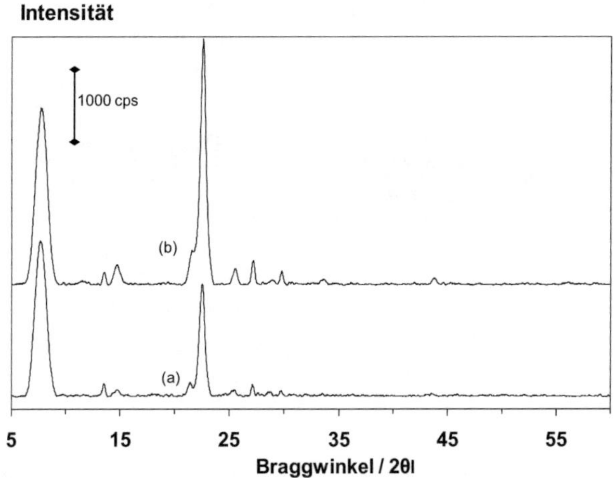



**Abbildung 10-3:** Röntgendiffraktogramme (a) des 0,25Fe/H-BEA-Katalysators und (b) des ionengetauschten Fe-BEA-Systems.

Intensität

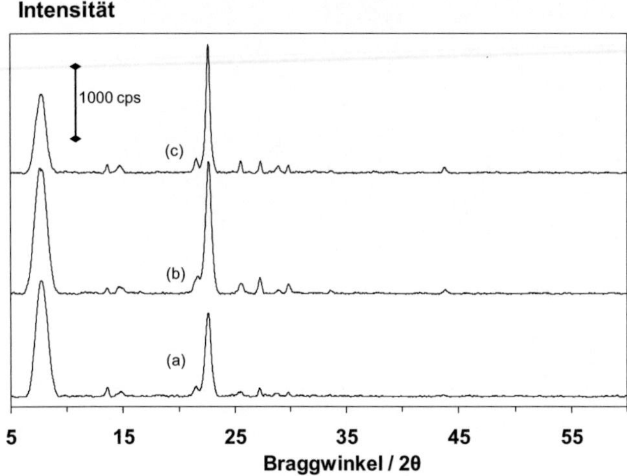


**Abbildung 10-4:** Röntgendiffraktogramme der H-BEA-Trägermaterialien mit einem molaren Si/Al-Verhältnis von (a) 12,5, (b) 25 und (c) 75.

Intensität

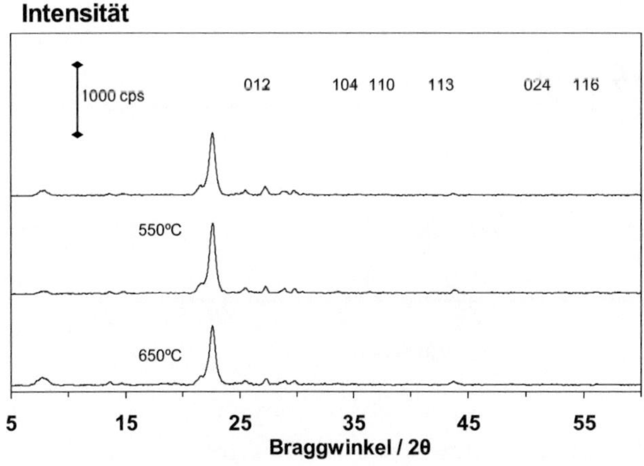


**Abbildung 10-5:** Röntgendiffraktogramme des 1Fe/H-BEA-Katalysators bei 25, 550 und 650 °C mit einem molaren Si/Al-Verhältnis von 12,5.

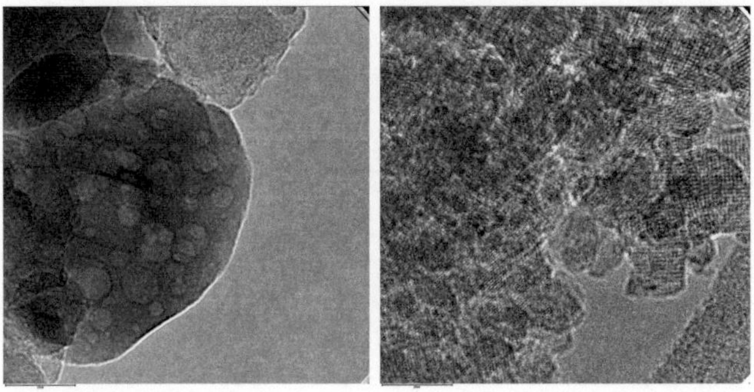

**Abbildung 10-6:** HRTEM-Aufnahme nanoskaliger $Fe_2O_3$-Partikel (rechts) in reinem HBEA-Pulver sowie (links) defekter H-BEA-Zeolithkanäle, die durch den energiereichen Elektronenstrahl zerstört wurden.

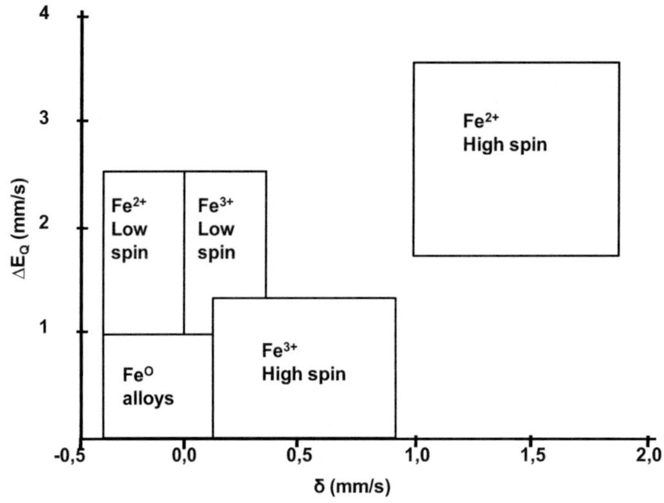


**Abbildung 10-7:** Zusammenhang zwischen Isomerieverschiebung δ der Quadrupol-Aufspaltung ΔEQ und dem Oxidationszustand des Eisens [104].

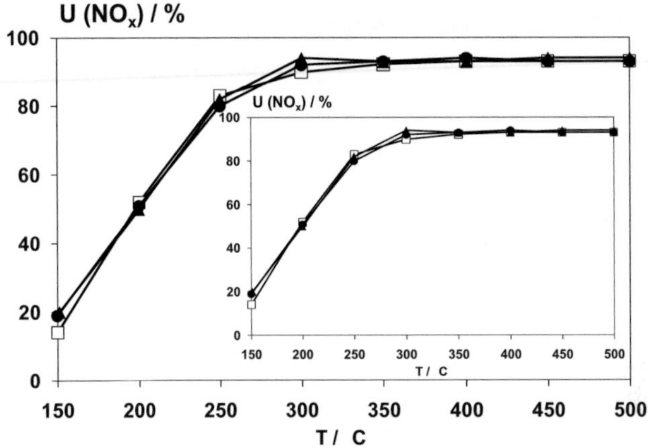

**Abbildung 10-8:** Umsatz an $NO_x$ am Katalysator 0,25Fe/H-BEA mit 0 Vol.-% $CO_2$ ($\square$); mit 5 Vol.-% $CO_2$ ($\blacktriangle$) und 10 Vol.-% $CO_2$ ($\bullet$). Inlet: mit 0 ppm CO ($\square$), mit 500 ppm CO ($\blacktriangle$) und 1500 ppm CO ($\bullet$). Bedingungen: Volumenanteile $(NH_3) = (NO_x) = 500$ ppm, $(O_2) = 5$ Vol.-%, Balance $N_2$, $\dot{V} = 500$ ml/min, RG = 50.000 $h^{-1}$, $m_{Kat} = 200$ mg.

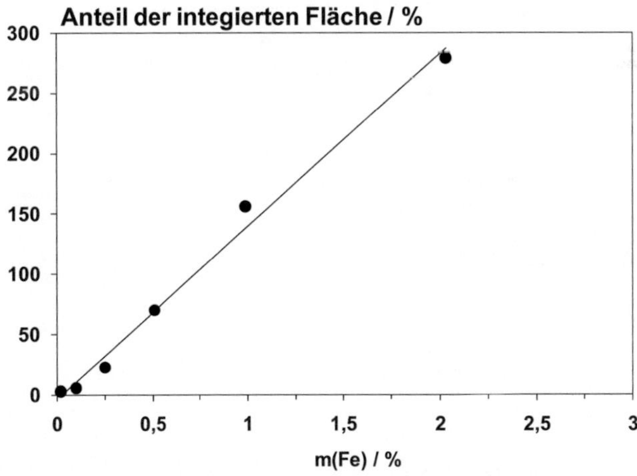

**Abbildung 10-9:** DR-UV/VIS-Spektrum des H-BEA-Zeoliths mit einem molaren Si/Al-Verhältnis von 12,5.

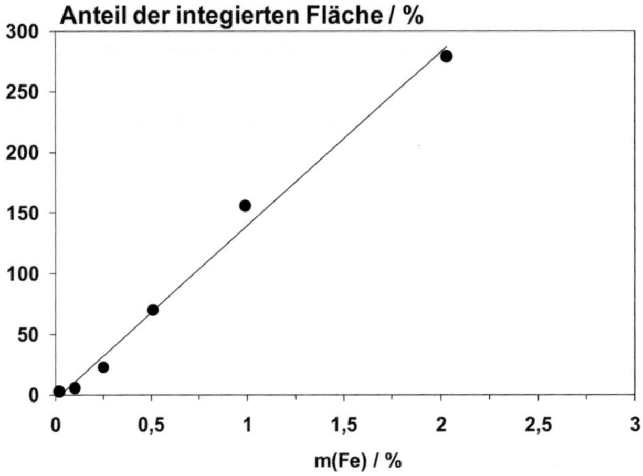


**Abbildung 10-10:** Flächenanteile (integriert) der Spektren der Fe/H-BEA-Katalysatoren bei der UVVIS-Reflexion bezogen auf die Fläche des H-BEA-Zeolith.

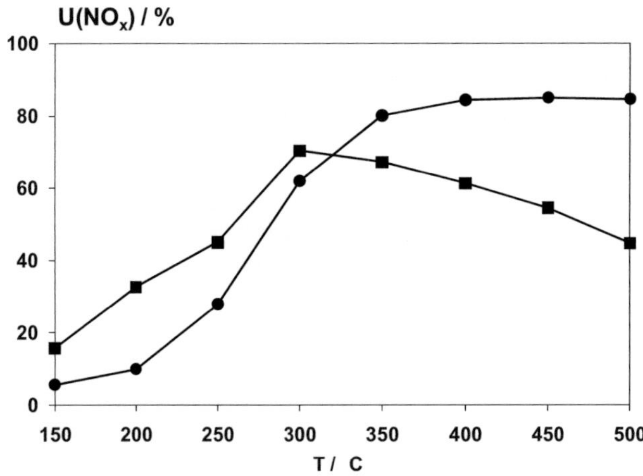


**Abbildung 10-11:** Umsatz an $NO_x$ am 0,25Fe/H-BEA- (■) und 1Fe/H-BEA-Katalysator auf Wabenkörper (●). Standard-SCR-Bedingungen (Tabelle 5-4), $\dot{V}$ = 6000 ml/min, RG = 50.000 h$^{-1}$.

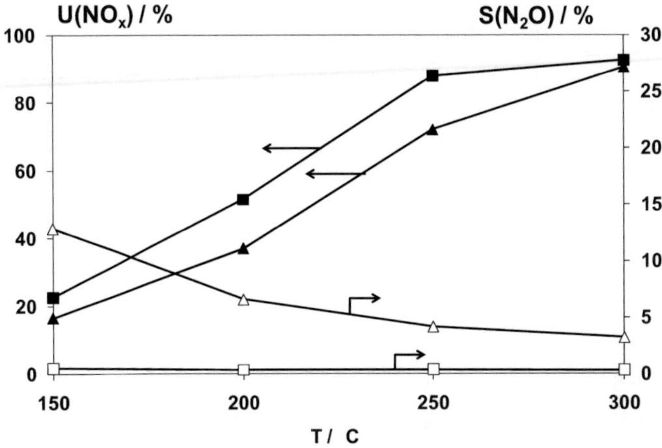

**Abbildung 10-12:** Umsatz an $NO_x$ sowie Selektivität an $N_2O$ am 1Fe/H-BEA-Katalysator bei unterschiedlicher Präparation: beschichten/gemahlen ($U(NO_x)$ (▲), $S(N_2O)$ (△)), gemahlen/beschichten ($U(NO_x)$ (■), $S(N_2O)$ (□)). Standard SCR-Bedingungen (Tabelle 5-4), $\dot{V}$ = 500 ml/min, RG = 50.000 $h^{-1}$, $m_{Kat}$ = 200 mg.

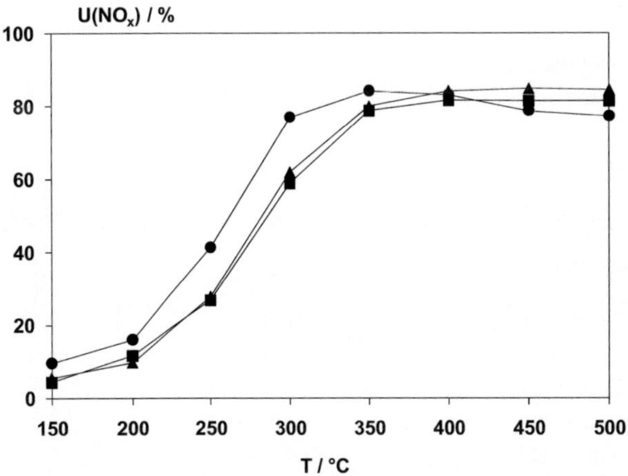

**Abbildung 10-13:** Umsatz an $NO_x$ am 1Fe(82)/H-BEA-System + $Al_2O_3$-Grundierung ( ), 1Fe(120)/H-BEA-System + $Al_2O_3$-Grundierung ( ), 1Fe(87)/H-BEA-System ohne $Al_2O_3$-Grundierung ( ).

# Tabellen

**Tabelle 10-1:** Ionisierungsgas und Ionisierungsenergie für typische Abgaskomponenten bei der CIMS [124].

| Komponente | Ionisierungsenergie [eV] | Ionisierungsgas |
|---|---|---|
| $N_2$ | 15,58 | Hg+ |
| $O_2$ | 12,07 | Xe+ |
| CO | 14,01 | Kr+ |
| $CO_2$ | 13,77 | Kr+ |
| $H_2O$ | 12,61 | Xe+ |
| NO | 9,26 | Hg+ |
| $NO_2$ | 9,75 | Hg+ |
| $N_2O$ | 12,89 | Xe+ |
| $NH_3$ | 10,16 | Hg+ |

**Tabelle 10-2:** Eisen-Vorstufen zur Katalysatorpräparation.

| Precursorsalz | TZersetzung / °C | Kristallwasser / mol/mol |
|---|---|---|
| Eisen(II)-acetat | 260 | 2 |
| Eisen(II)-chlorid | 450 | 4 |
| Eisen(III)-chlorid | 450 | 6 |
| Eisen(III)-nitrat | 360 | 9 |
| Eisen(III)-citrat | 350 | 1 |
| Ammoniumeisen(III)-citrat | 370 | 3 |

**Tabelle 10-3:** Verwendete Metallsalze zur Verbesserung der hydrothermalen Stabilität des 0,25Fe/H-BEA-Katalysators.

| Bezeichnung | Summenformel |
|---|---|
| Lanthannitrat | $La(NO_3)_3$ |
| Zirkonylnitrat | $ZrO(NO_3)_2$ |
| Calciumnitrat | $Ca(NO_3)_2 \cdot 4H_2O$ |
| Yttriumnitrat | $Y(NO_3)_3$ |
| Magnesiumnitrat | $Mg(NO_3)_2 \cdot 6H_2O$ |
| Ammoniummetawolframat | $(NH_4)_6H_2W_{12}O_{40}$ |
| Molybdänchlorid | $MoCl_5$ |

**Tabelle 10-4:** BET-Oberfläche, Eisengehalt und molare Si/Al-Verhältnisse der Fe/H-BEA-Katalysatoren im frischen und gealterten Zustand (Alterungsbedingungen: 24 h, 550 bzw. 800 °C, 10 Vol.-% $H_2O$ in Luft, 500 ml/min).

| Bezeichnung | Fe-Gehalt / % | molares Si/Al-Verhältnis | BET-Fläche / $m^2$/g | Alterungs-temperatur / |
|---|---|---|---|---|
| H-BEA-25a.) | --- | 12,5 | 565 | |
| 0,02Fe/H-BEA-25 | 0,09 | 12,5 | 551 | |
| 0,1Fe/H-BEA-25 | 0,11 | 12,5 | 546 | |
| 0,25Fe/H-BEA-25 | 0,27 | 12,5 | 561 | |
| 0,5Fe/H-BEA-25 | 0,49 | 12,5 | 546 | |
| 0,75Fe/H-BEA-25 | 0,79 | 12,5 | 558 | |
| 1Fe/H-BEA-25 | 1,06 | 12,5 | 547 | |
| 1,5Fe/H-BEA-25 | 1,48 | 12,5 | 557 | |
| 2Fe/H-BEA-25 | 2,03 | 12,5 | 510 | |
| 10Fe/H-BEA-25 | 8,90 | 12,5 | 440 | |
| H-BEA-50 | --- | 25 | 564 | |
| 0,5Fe/H-BEA-50 | 0,52 | 25 | 520 | |
| 0,5Fe/HBEA-50-550 | 0,52 | 25 | 465 | 550 °C |
| H-BEA-150 | --- | 75 | 710 | |
| 0,5Fe/H-BEA-150 | 0,51 | 75 | 616 | |
| 0,5Fe/H-BEA-150-550 | 0,51 | 75 | 620 | 550 °C |
| Fe-BEA | 1,56 | 28 | 496 | |
| Fe-BEA-550 | 1,56 | 28 | 493 | 550 °C |
| Fe-BEA-800 | 1,56 | 28 | 381 | 800 °C |
| 1Fe/H-BEA-550 | 0,99 | 12,5 | 520 | 550 °C |
| 1Fe/H-BEA-600 | 0,99 | 12,5 | 510 | 600 °C |
| 1Fe/HBEA-700 | 0,99 | 12,5 | 510 | 700 °C |
| 1Fe/HBEA-800 | 0,99 | 12,5 | 455 | 800 °C |

Herstellerangaben als $SiO_2/Al_2O_3$-Verhältnis (½*$SiO_2/Al_2O_3$ = Si/Al)

**Tabelle 10-5:** Umsätze an $NO_x$ und $NH_3$ sowie die TOF-Werte der Fe/H-BEA-Systeme. Standard-SCR-Bedingungen Tabelle 5-4, $\dot{V}$ = 500 ml/min, $m_{Kat}$ = 200 mg, RG = 50.000 $h^{-1}$.

| | U ($NO_x$) / % | U ($NH_3$) / % | TOF·$10^{-3}$ /$s^{-1}$ | | U ($NO_x$) / % | U ($NH_3$) / % | TOF·$10^{-3}$ /$s^{-1}$ |
|---|---|---|---|---|---|---|---|
| HBEA | | | | 0,5Fe/HBEA | | | |
| 150 | 7 | 7 | | 150 | 21 | 21 | 2,0 |
| 200 | 10 | 11 | | 200 | 49 | 58 | 4,7 |
| 250 | 14 | 15 | | 250 | 83 | 95 | 8,1 |
| 300 | 24 | 33 | | 300 | 90 | 100 | |
| 350 | 36 | 57 | | 350 | 91 | 100 | |
| 400 | 55 | 81 | | 400 | 92 | 100 | |
| 450 | 73 | 93 | | 450 | 91 | 100 | |
| 500 | 75 | 95 | | 500 | 90 | 100 | |
| 0,02Fe/HBEA | | | | 1FeHBEA | | | |
| 150 | 6 | 5 | 13 | 150 | 14 | 14 | 0,7 |
| 200 | 10 | 10 | 24 | 200 | 32 | 36 | 3,1 |
| 250 | 24 | 26 | 58 | 250 | 75 | 83 | 7,3 |
| 300 | 58 | 97 | | 300 | 91 | 100 | |
| 350 | 60 | 100 | | 350 | 91 | 100 | |
| 400 | 61 | 100 | | 400 | 92 | 100 | |
| 450 | 48 | 100 | | 450 | 89 | 100 | |
| 500 | 29 | 100 | | 500 | 78 | 100 | |
| 0,1Fe/HBEA | | | | 2Fe/HBEA | | | |
| 150 | 9 | 10 | 4,5 | 150 | 10 | 11 | 0,24 |
| 200 | 23 | 27 | 11 | 200 | 24 | 27 | 0,58 |
| 250 | 52 | 63 | 25 | 250 | 47 | 53 | 1,1 |
| 300 | 82 | 100 | | 300 | 87 | 100 | |
| 350 | 79 | 100 | | 350 | 91 | 100 | |
| 400 | 76 | 100 | | 400 | 92 | 100 | |
| 450 | 65 | 100 | | 450 | 91 | 100 | |
| 500 | 51 | 100 | | 500 | 87 | 100 | |
| 0,25Fe/HBEA | | | | 10Fe/HBEA | | | |
| 150 | 16 | 17 | 3,0 | 150 | 10 | 10 | 0,05 |
| 200 | 44 | 48 | 8,5 | 200 | 27 | 33 | 0,13 |
| 250 | 85 | 96 | 17 | 250 | 56 | 65 | 0,27 |
| 300 | 89 | 100 | | 300 | 88 | 100 | |
| 350 | 89 | 100 | | 350 | 92 | 100 | |
| 400 | 91 | 100 | | 400 | 89 | 100 | |
| 450 | 92 | 100 | | 450 | 69 | 100 | |

**Tabelle 10-6:** Umsätze an $NO_x$ und $NH_3$ an den Katalysatoren $V_2O_3/TiO_2/WO_3$, Fe-BEA und 0,25Fe/H-BEA gealtert bei 550 und 800 °C. Standard-SCR-Bedingungen Tabelle 5-4, $\dot{V}$ = 500 ml/min, RG = 50.000 h$^{-1}$, $m_{Kat}$ = 200 mg.

| | U ($NO_x$) / % | U ($NH_3$) / % | | U ($NO_x$) / % | U ($NH_3$) / % |
|---|---|---|---|---|---|
| $V_2O_3/TiO_2/WO_3$ 550 °C | | | | | |
| 150 | 11 | 20 | | | |
| 200 | | 29 | | | |
| 250 | 62 | 99 | | | |
| 300 | 88 | 100 | | | |
| 350 | 97 | 100 | | | |
| 400 | 99 | 100 | | | |
| 450 | 98 | 100 | | | |
| 500 | 90 | 100 | | | |
| Fe-BEA 550 °C | | | Fe-BEA 800 °C | | |
| 150 | 10 | 10 | 150 | 5 | 7 |
| 200 | 25 | 29 | 200 | 10 | 11 |
| 250 | 56 | 67 | 250 | 19 | 25 |
| 300 | 85 | 98 | 300 | 37 | 65 |
| 350 | 87 | 100 | 350 | 63 | 100 |
| 400 | 89 | 100 | 400 | 64 | 100 |
| 450 | 89 | 100 | 450 | 56 | 100 |
| 500 | 86 | 100 | 500 | 45 | 100 |
| 0,25Fe/H-BEA 550 °C | | | 0,25Fe/H-BEA 800 °C | | |
| 150 | 8 | 15 | 150 | 4 | 6 |
| 200 | 24 | 33 | 200 | 8 | 11 |
| 250 | 49 | 63 | 250 | 18 | 25 |
| 300 | 83 | 100 | 300 | 60 | 74 |
| 350 | 88 | 100 | 350 | 94 | 100 |
| 400 | 93 | 100 | 400 | 93 | 100 |
| 450 | 94 | 100 | 450 | 94 | 100 |
| 500 | 96 | 100 | 500 | 91 | 101 |

**Tabelle 10-7:** Positionen der dekonvoluierten Subbanden für die Fe/H-BEA-Zeolithe

|         | 0,02Fe | 0,10Fe | 0,25Fe | 0,5Fe | 1Fe | 2Fe | 10Fe |
|---------|--------|--------|--------|-------|-----|-----|------|
| Bande 1 | 283    | 267    | 247    | 245   | 244 | 245 | 250  |
| Bande 2 |        | 290    | 284    | 283   | 282 | 283 | 293  |
| Bande 3 |        |        | 330    | 336   | 333 | 334 | 344  |
| Bande 4 |        |        | 384    | 401   | 393 | 410 | 416  |
| Bande 5 |        |        |        | 482   | 497 | 503 | 477  |
| Bande 6 |        |        |        |       |     | 527 | 535  |
| Bande 7 |        |        |        |       |     |     | 620  |
| Bande 8 |        |        |        |       |     |     | 662  |

**Tabelle 10-8:** Interpretation der Mößbauerspektroskopie für einen Fe-ZSM-5-Katalysator bei 78 K [128].

| Interpretation | $\delta$ (mm/s) | $\Delta EQ$ (mm/s) | H (T) |
|----------------|-----------------|---------------------|-------|
| Fe(III) oktaedrisch | 0,48 | 0,83 | |
| Fe(III) oktaedrisch | 0,48 | 1,32 | |
| Fe(III) oktaedrisch | 0,48 | 0,69 | |
| Fe(III) oktaedrisch | 0,47 | 1,12 | |
| Fe(III) oktaedrisch | 0,46 | 0,71 | |
| Fe(III) oktaedrisch | 0,45 | 1,21 | |
| Fe(III) oktaedrisch | 0,44 | 1,52 | |
| Fe(III) oktaedrisch | 0,38 | 1,06 | |
| $\alpha$-Fe$_2$O$_3$ > 15 nm | 0,48 | 0,38 | 54,5 |
| $\alpha$-Fe$_2$O$_3$ > 15 nm | 0,46 | 0,46 | 54,6 |
| $\alpha$-Fe$_2$O$_3$ ~ 15 nm | 0,48 | -0,11 | 51,1 |
| $\alpha$-Fe$_2$O$_3$ ~ 15 nm | 0,47 | -0,04 | 51,6 |
| Fe$_2$O$_3$ < 15 nm | 0,50 | -0,08 | 49,4 |
| Fe$_2$O$_3$ < 15 nm | 0,49 | -0,07 | 50,1 |
| Fe$_2$O$_3$ << 15 nm | 0,40 | -0,06 | 48,0 |
| Fe$_2$O$_3$ << 15 nm | 0,30 | -0,21 | 42,2 |
| $\gamma$-Fe$_2$O$_3$ > 15 nm | 0,46 | 0,06 | 53,5 |
| $\gamma$-Fe$_2$O$_3$ ~ 15 nm | 0,42 | 0,01 | 52,0 |
| $\gamma$-Fe$_2$O$_3$ < 15 nm | 0,41 | -0,02 | 43,3 |

**Tabelle 10-9:** Parameter bei der Mößbauerspektroskopie für Eisenverbindungen bei 300 K [146, 130, 104, 175].

| Verbindung | $\delta$ (mm/s) | $\Delta EQ$ (mm/s) | H (T) |
|---|---|---|---|
| $\alpha$–$Fe_2O_3$ | 0,37 | -0,20 | 51,1 |
| $\gamma$-$Fe_2O_3$ | 0,30 | --- | 50,3 |
| $\alpha$–FeOOH | 0,35 | -0,24 | 35,6 |
| FeOOH | 0,35 | 1,10 | |
| FeOOH | 0,37 | 0,96 | --- |
| $\gamma$-FeOOH | 0,37 | 0,94 | --- |
| $Fe_3O_4$ | 0,28 | --- | 48,7 |
| $Fe(OH)_2$ | 1,18 | 2,92 | --- |
| $Fe(OH)_3$ | 0,37 | 0,62 | --- |

# Charakterisierung des verwendeten Reaktorsystems

Das ideale Strömungsrohr auch Integral-Reaktor genannt, hat folgende Eigenschaften: er wird kontinuierlich betrieben, es gibt keine radialen Gradienten und es gibt keine axiale Durchmischung, d.h. zwischen Volumenelementen findet kein Austausch von Materie und Wärme statt. Die Verweilzeitverteilung kann in einem realen Strömungsrohrreaktor durch die Bodensteinzahl Bo charakterisiert werden. Für Bo → Null ergibt sich eine totale Rückvermischung und der Reaktor würde das Verhalten eines kontinuierlich betriebenen Rührkessels annehmen. Mit steigenden Bo-Zahlen wird die Verweilzeitverteilung enger und nähert sich schließlich dem Verhalten eines idealen Strömungsrohres an. Mit Bo-Zahlen größer 100 kann zur Reaktorauslegung das Pfropfströmungsmodell angenommen werden. Das Herleiten und Koppeln mit dem Verweilzeitverhalten von idealen Reaktoren ist in Kapitel 11.4 von [176, 177] dargestellt. Im Folgenden soll abgeschätzt werden, ob in dem isotherm betriebenen Integralreaktor Pfropfströmung vorliegt. Es gilt:

$$Bo_a = \frac{L \cdot u}{D_{ax}} \tag{10-1}$$

Hierbei sind L die Länge des Reaktorrohres oder der Festbettschüttung in Meter, u die Strömungsgeschwindigkeit im Leerrohr in m/s sowie Dax der axiale Diffusionskoeffizient mit der Dimension m²/s. Dax lässt sich über eine weitere dimensionslose Kenngröße, die Peclet-Zahl Pe, berechnen [178]:

$$Pe_{ax} = \frac{d_{Reaktor/Partikel} \cdot u}{D_{ax}} \tag{10-2}$$

Als zusätzliche Größe ist in Gleichung (10-2) somit noch der Reaktorinnendurchmesser dR bzw. der Partikeldurchmesser dP zu berücksichtigen. Die Peclet-Zahl ihrerseits ist eine Funktion der beiden dimensionslosen Kennzahlen Reynolds (Re) und Schmidt (Sc) [179] :

$$Re = \frac{u \cdot d_{R/P}}{\nu} \quad und \; Sc = \frac{\nu}{D_{12}} \tag{10-3}$$

Bei der Berechnung der Peclet-Zahl wird noch zwischen den Anwendungsfällen Leerrohr (Gleichung (10-4)) und Schüttung (Gleichung (10-5)) unterschieden.

$$\frac{1}{Pe_{ax}} = \frac{1}{Re \cdot Sc} + \frac{Re \cdot Sc}{192} \quad (Leerrohr) \tag{10-4}$$

$$\frac{1}{Pe_{ax}} = \frac{0,3}{Re \cdot Sc} + \frac{0,5}{1 + \left(\frac{3,8}{Re \cdot Sc}\right)} \quad (Sch\ddot{u}ttung) \tag{10-5}$$

Der binäre Diffusionskoeffizient D12 lässt sich laut VDI-Atlas [180] für Drücke zwischen 0,1 und 10 bar folgendermaßen berechnen:

$$D_{12}^0 = \frac{10^{-3} \cdot \left(\frac{T^{1,75}}{K}\right) \cdot 1,013 \cdot \left(\frac{M_1 + M_2}{M_1 \cdot M_2}\right)^{0,5}}{\left(\frac{p}{bar}\right) \cdot \left(w_1^{0,33} \cdot w_2^{0,33}\right)^2} \cdot \frac{cm^2}{s} \tag{10-6}$$

T und p bezeichnen die bei der Reaktion vorherrschende Temperatur in K bzw. den Druck in bar. M1,2 bzw. w1,2 entsprechen den Molmassen in g/mol bzw. den Diffusionsvolumina der für die Betrachtung herangezogenen Spezies 1 und 2. Die Diffusionsvolumina w1,2 können den Tabellen Da27 im VDI-Atlas [180] entnommen werden. Zur Überprüfung der Annahme, dass von einem Pfropfströmungsmodell ausgegangen werden kann, werden für die Temperaturen 150 und 500 °C die Bodenstein-Zahlen berechnet. Als Länge L wird zum einen die Strecke zwischen Reaktoreintritt und Katalysatorbett bzw. die Länge der Festbettschüttung verwendet. Die zur Berechnung nötigen Größen sind in Tabelle 10-10 und Tabelle 10-11 aufgelistet, die Berechnung der Bodenstein-Zahl erfolgt in Tabelle 10-12.

**Tabelle 10-10:** Stoffkennzahlen zur Berechnung Bo-Zahl.

| **Bezeichung** | $N_2$ | $NH_3$ |
|---|---|---|
| Molmasse (g/mol) | 28 | 17 |
| $\eta i$ / (Pa·s·$10^{-6}$) | 16,6 | 9,3 |
| $\omega i$ / ($10^{-6}$ m$^3$/mol) | 17,9 | 14,9 |

**Tabelle 10-11:** Kennzahlen zur Berechnung der Bo-Zahl.

| **Bezeichung** | **Reaktor (Festbett)** | **Reaktor (Wabenkörper)** | **Festbettschüttung** | **Kanal (Monolith)** |
|---|---|---|---|---|
| p / bar | 1,013 | 1,013 | 1,013 | 1,013 |
| $D_{Reaktor}$ / m | 0,008 | 0,024 | | |
| $D_{Partikel/Kanal}$ / m | | | 125-250·$10^{-6}$ | 0,0003 (11mil) |
| $L_{Reaktor/Schüttung}$ / m | 0,35 | 0,55 | 0,011 | 0,0285 |
| Porosität $\varepsilon$ / - | | | 0,42 | |
| $\dot{V}$(STP)/ m$^3$/s | 8,33·$10^{-6}$ | 1,0·10–4 | 8,33·$10^{-6}$ | |

**Tabelle 10-12:** Ergebnisse bei der Berechnung der Bodenstein-Zahl für die verwendeten Reaktormodelle.

| Bezeichnung | Pulverreaktor | | Wabenreaktor | |
|---|---|---|---|---|
| | **150 °C** | **500 °C** | **150 °C** | **500 °C** |
| $Re_{Leerrohr}$ | 130 | 237 | 519 | 949 |
| $Re_{Partikel/Kanal}$ | 3,04 | 5,56 | --- | |
| $Sc$ | 0,59 | 1,09 | 0,59 | 1,09 |
| $Pe_{Leerrohr}$ | 2,42 | 3,58 | 0,62 | 0,96 |
| $Pe_{Partikel/Kanal}$ | 3,05 | 2,67 | | |
| $D_{ax, Leerrohr}$ | $1,42 \cdot 10^{-3}$ | $9,61 \cdot 10^{-4}$ | | |
| $D_{ax, Partikel/Kanal}$ | $4,54 \cdot 10^{-5}$ | $5,19 \cdot 10^{-5}$ | | |
| $u_{leer}$ | 0,24 | 0,43 | 0,31 | 0,57 |
| $u_{Schüttung}$ | 0,41 | 0,74 | | |
| $D_{12}$ / m²/s | $2,45 \cdot 10^{-5}$ | $7,03 \cdot 10^{-5}$ | $2,45 \cdot 10^{-5}$ | $7,03 \cdot 10^{-5}$ |
| $Bo_{Leerrohr}$ / - | 106 | 156 | 15 | 24 |
| $Bo_{Schüttung}$ / - | 142 | 162 | | |

Die Werte für die Bodenstein-Zahl bei 150 °C stimmen gut mit denen einer Abschätzungsmethode von McHenry und Keith [181] überein, nach der die Bodenstein-Zahl bei einer laminaren Strömung in einer zufällig arrangierten losen Schüttung mit nachstehender Gleichung abgeschätzt werden kann:

$$Bo = \frac{2 \cdot L}{D_I} = \sim 100 \text{ BZW. } \sim 46 \tag{10-7}$$